Im Gedenken an
Peter Linhart
1962 — 2007

Bernhard Blaszkiewitz

Elefanten in Berlin

Bernhard Blaszkiewitz

Elefanten in Berlin

Lehmanns Media

Bibliografische Information der Deutschen Nationalbibliothek
Die Deutsche Nationalbibliothek verzeichnet diese Publikation in der Deutschen Nationalbibliografie; detaillierte bibliografische Angaben sind im In-
ternet unter http://dnb.ddb.de abrufbar

Bildnachweis:
© Archiv Zoologischer Garten Berlin und Tierpark Berlin.

© Lehmanns Media, Berlin 2008
Hardenbergstraße 5, 10623 Berlin
Gesamtgestaltung: Friedrich, Berlin
Druck und Bindung: Offsetdruck Holga Wende, Berlin

ISBN 978-3-86541-223-2

www.lehmanns.de

Inhalt

Einführung

Nur wenige Tiere faszinieren den Betrachter so wie Elefanten. Und so ist es nicht verwunderlich, dass die Rüsseltiere in unseren Zoologischen Gärten zu den beliebtesten Tieren gehören. Die Gründe hierfür sind vielfältig: Einerseits beeindrucken die größten Landsäugetiere durch Masse und Gestalt, andererseits sind es ihre morphologischen Besonderheiten wie Rüssel, Stoßzähne und Ohrmuschel, die sofort ins Auge fallen. Darüber hinaus ist es die große geistige Beweglichkeit, die Elefanten auszeichnet, wenn auch nicht alle der beschriebenen Leistungen auf diesem Gebiet den Tatsachen entsprechen, etwa das sprichwörtliche Gedächtnis. Dennoch — Elefanten gehören ohne Frage zu den intelligentesten Tieren überhaupt, und sie bilden eine starke Beziehung zum Menschen aus. Dies betrifft natürlich in erster Linie die Betreuer von Elefanten, die als Elefantenpfleger im Zoo stets eine besondere Stelle im Tierpflegerstab ausmachen. Aber auch das Zoopublikum hat oft ein besonders herzliches Verhältnis zu den Elefanten.

Ein weiterer Grund für die Beliebtheit ist das hohe Lebensalter, das Elefanten in Menschenhand erreichen können. Die Angaben von 80- bis 100-jährigen Elefanten sind zwar übertrieben, aber der älteste in Europa nachgewiesene Zooelefant war immerhin 63 Jahre alt, es handelte sich um die Asiatische Elefantenkuh »Birma« aus dem Ruhrzoo Gelsenkirchen. So ist es möglich, dass Zoobesucher mehrerer Generationen einen Elefanten im Zoo besuchen, ein Phänomen, das unter Säugetieren sonst nur bei Flusspferden oder Menschenaffen möglich ist.

Im 1844 eröffneten Zoologischen Garten Berlin wurden Elefanten seit 1857 gehalten. Im Tierpark Berlin, der III Jahre später dem Publikum übergeben wurde, gehören Elefanten seit dem Eröffnungsjahr zum Tierbestand. Zwischen 1906 und 2007 kamen insgesamt 19 Asiatische und Afrikanische Elefanten zur Welt, die auch zum größten Teil aufgezogen werden konnten. Allein seit 1998 gab es 15 Geburten. Viele Elefanten waren echte Persönlichkeiten, die über Jahrzehnte die Besucher begeisterten. Und so erscheint es wohl an der Zeit und nur zu gerechtfertigt, mit der Publikation »Elefanten in Berlin« den Tierfreund und Zoobesucher, aber auch den Zoologen in Wort und Schrift über die Besonderheiten der grauen Riesen in unserer Stadt zu informieren.

Innerhalb der Säugetiere bilden die Elefanten die Ordnung der Rüsseltiere (Proboscidea), so genannt nach ihrem auffälligsten morphologischem Merkmal, dem Rüssel. Dieser wird aus dem Zusammenschluss von Nase und Oberlippe gebildet, ist stark bemuskelt und dient dem Elefanten als multifunktionales Organ. Elefanten können mit dem Rüssel tasten, riechen, das Futter ergreifen und zum Maul führen, das Wasser einsaugen und zum Trinken in den Mund spritzen oder aber auf den Körper, um diesen zu benässen. Der Rüssel wird auch zum Schlagen benutzt, sowohl in der innerartlichen als auch außerartlichen Auseinandersetzung. Natürlich dient der Rüssel auch zum Atmen. Letzteres ist besonders auffällig, wenn man Elefanten beim Schwimmen beobachtet. Verlieren sie den Boden unter den Füßen, halten sie den Rüssel wie einen Schnorchel an die Oberfläche.

Eine weitere Besonderheit der Elefanten ist ihr besonderer Zahnbau. Die Schneidezähne sind nur noch im Oberkiefer vorhanden und zu je einem Stoßzahn pro Kieferast ausgebildet.

Stoßzähne bekommt der Elefant zweimal in seinem Leben. Die ersten sind schon bei der Geburt vorhanden, als so genannte Milchstoßzähne nur wenige Zentimeter lang und äußerlich nicht zu sehen. Im Alter von etwa einem Jahr verliert der Elefant diese Milchschneidezähne und bekommt ein Paar dauerhafte.

Beim Afrikanischen Elefanten haben beide Geschlechter gut ausgebildete Stoßzähne, bei den Asiatischen Elefanten meist nur die Bullen, doch hier gibt es auch stoßzahnlose Männchen. Andererseits findet man bei manchen Asiatischen Elefantenkühen kleine sichtbare Stoßzähne. Ein Drittel des Stoßzahnes sitzt im Oberkieferknochen. Gerade die Stoßzähne sind es, die dem Elefanten immer wieder zum Verhängnis werden, besteht doch der Stoßzahn aus Elfenbein, einer Mischung aus dem eigentlichen Zahnbein (Dentin), verschiedenen Knorpelstoffen und Calciumsalzen. Dadurch entsteht ein hartes elastisches Material, das als Rohstoff für die verschiedensten Kulturgegenstände lange Zeit sehr gesucht war, etwa Klaviertasten, Billardkugeln, aber natürlich auch Schmuckgegenstände.

Eckzähne haben Elefanten überhaupt nicht mehr, und der Bau ihrer Backenzähne ist einzigartig innerhalb der Säuger. Jeder der vier Kieferäste bildet im Leben sechs Backenzähne aus, die allerdings nacheinander und nicht gleichzeitig

in Nutzung sind. Man findet in jedem der Kieferäste jeweils zwei Backenzähne, wovon der eine als sichtbarer und funktionsfähiger aus dem Zahnfleisch hervorschaut, der zweite liegt dahinter, noch im Zahnfleisch verborgen. Die ersten drei Garnituren der Backenzähne gelten als Milchzähne, die restlichen drei als Erwachsenen-Mahlzähne.

Die Backenzähne bestehen aus einer Vielzahl einzelner Zahnlamellen, die von einem gemeinsamen Schmelz überzogen sind. Auf der Kaufläche sind harte Querleisten und Höcker ausgebildet, die dem Elefanten ermöglichen, seine faserreiche Nahrung zu zerkleinern und auch schwerere Äste zu zermahlen.

Die letzte Backenzahngarnitur wird im fünften bis sechsten Lebensjahrzehnt angelegt. Wenn auch diese Partie abgenutzt oder sogar ausgefallen ist, ist der Elefant in seiner Ernährung stark eingeschränkt und zumindest in freier Wildbahn nicht mehr lebensfähig. Schon aus diesem Grund ist die Geschichte von 100-jährigen Elefanten ins Reich der Sage zu verweisen.

Elefanten haben nur wenige Haare, wie zum Beispiel auch die Seekühe und Wale. Jungtiere sind oft an Kopf und Rückenpartie stärker behaart, auch einzelne erwachsene Elefanten haben solch ein schütteres Haarkleid im Rückenbereich. Gut ausgebildet ist meist die Schwanzquaste.

Die großen Ohrmuscheln sind ebenfalls elefantentypisch. Beim Asiatischen Elefanten sind sie kleiner ausgebildet als beim Afrikanischen. Wie alle Huftiere sind die Elefanten ebenfalls Zehenspitzengänger, auch wenn das bindegewebige Polster, das unter und hinter den Zehenknochen liegt, einen sohlenartigen Eindruck macht. Die Zahl der sichtbaren Nägel ist beim Elefanten oft reduziert. Hinten tragen viele Asiatische Elefanten nur noch vier Nägel, Afrikaner oft nur noch drei. Dennoch gibt es individuelle und familiäre Unterschiede. Es sind Elefanten bekannt, die vorne wie hinten je fünf sichtbare Hufnägel zeigen.

Anders als die meisten Säugetiere haben männliche Elefanten keine sichtbaren Hoden, diese befinden sich in der Bauchhöhle in der Nähe der Nieren. Der S-förmig gebogene Penis ist außerhalb des Erregungszustandes in der Bauch-

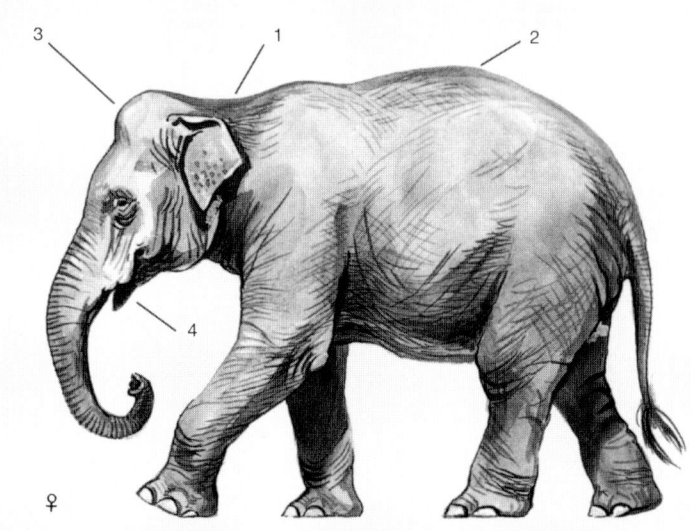

Asiatischer Elefant
1 kleine Ohren
2 Buckelrücken
3 Stirnhöcker
4 nur bei Bullen sichtbare Stoßzähne
5 nur ein Greiffinger an der Rüsselspitze
6 leicht faltige Haut

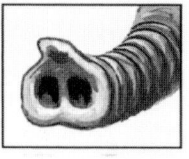

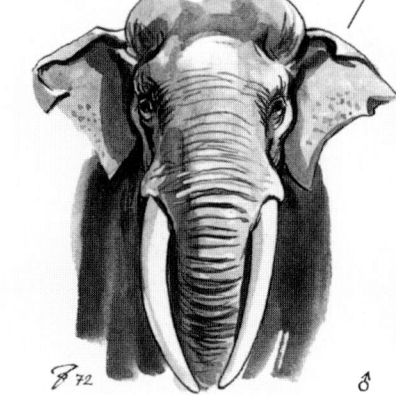

Unterarten des Asiatischen Elefanten
• Indischer Elefant (Elephas maximus bengalensis) in Indien,
• Ceylon-Elefant (Elephas maximus maximus) auf Ceylon
• Malaya-Elefant (Elephas maximus hirsutus) in Thailand
• Sumatra-Elefant (Elephas maximus sumatranus) auf Sumatra

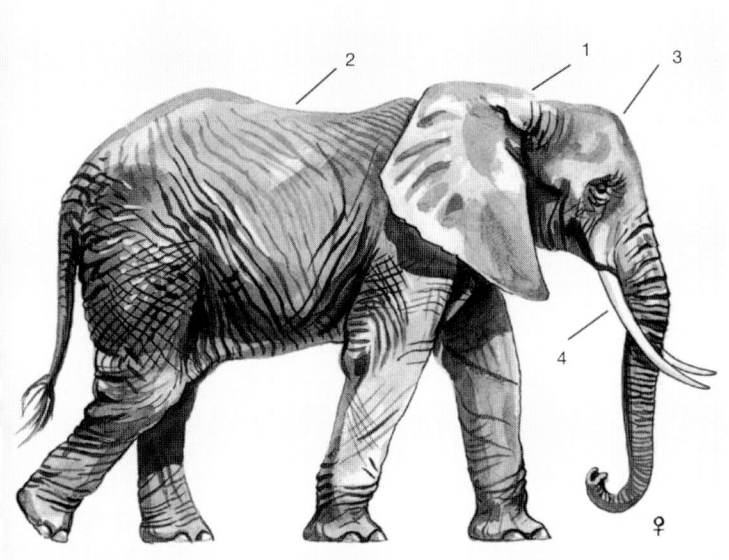

**Afrikanischer
Elefant**

1 große Ohren
2 Sattelrücken
3 fliehende Stirn
4 beide Geschlechter
  tragen Stoßzähne
5 zwei Greiffinger
  an der Rüsselspitze
6 stark rissige Haut

Unterarten des Afrikanischen Elefanten

• Steppenelefant (Loxodonta africana africana)
• Waldelefant (Loxodonta africana cyclotis)

Zeichnung: Reiner Zieger, Tierpark Berlin

haut verborgen. Die Klitoris der Elefantenkühe hat auch eine auffällig große Länge, sie kann im Erregungszustand stark versteift werden, was in manchem Zoo bei Jungtieren zur Fehlbestimmung des Geschlechtes geführt hat. Die Gebärmutter ist zweihörnig.

Elefanten leben in Herden, die von einer erfahrenen Matriarchin geführt werden und aus Muttergruppen mit Kindern mehrerer Altersstufen bestehen. Jungbullen verlassen als Heranwachsende die Herde und streifen in Junggesellentrupps umher. Alte Elefantenbullen leben häufig einzeln. Innerhalb der Elefantenherde ist der soziale Zusammenhalt groß, ein ausgeprägtes Lautrepertoire, das zum Teil auch in Frequenzen liegt, die für Menschen nicht zu hören sind, unterstützt dies.

Zwei rezente Elefantenarten sind anerkannt: der Asiatische Elefant (Elephas maximus) mit vier Unterarten und der Afrikanische Elefant (Loxodonta africana) mit zwei Unterarten.

Einmal kam es bisher zur Geburt eines Mischlings zwischen Loxodonta und Elephas: Am 11. Juli 1978 brachte im Zoo Chester die Asiatische Elefantenkuh »Sheba« im Alter von 21 Jahren ein Bullkalb zur Welt, dessen Vater der 17-jährige Afrikanische Elefant »Jumbolino« war. Das Jungtier, das morphologisch intermediär aussah, lebte nur zehn Tage.

Elefanten haben eine Kopf-Rumpf-Länge von 5 bis 7,5 m und eine Schulterhöhe von 2,20 bis 3,70 m, in Ausnahmefällen sogar 4,00 m.

Das Gewicht schwankt bei erwachsenen Tieren von vier bis sechs Tonnen, große Bullen, speziell bei Afrikanischen Elefanten, können auch über sieben Tonnen Körpergewicht erreichen.

Beide Elefantenarten sind von grauer Hautfarbe, die speziell bei Asiatischen Elefanten im Alter pigmentlose Stellen an Rüssel und Stirn, aber auch an den Ohrrändern aufweist. Der gut entwickelte Rüssel trägt beim Asiatischen Elefanten eine Greifspitze, beim Afrikanischen zwei.

Elefanten sind die Säugetiere mit der längsten bekannten Tragzeit. Im Durchschnitt beträgt sie 22 Monate, kann aber nach oben und unten bis zu zwei Monate variieren. Die Einlingsgeburt ist beim Elefant die Regel, Zwillinge

9

sind ausgesprochen selten. Das Geburtsgewicht schwankt zwischen 60 und 140 kg, in Menschenobhut sind auch schwerere Kälber zur Welt gekommen. Die Geschlechtsreife setzt im Alter von sieben bis zwölf Jahren ein, und die Lebensdauer beträgt 50 bis 60 Jahre.

Elefanten sind Vegetarier, die Gras, Blätter, Äste, Zweige, ja ganze Bäume zu sich nehmen, aber selbstverständlich auch Früchte, Knospen, Wurzeln, die ausgegraben werden oder beim Ausreißen der Bäume zur Verfügung stehen. Als Lebensraum werden Steppen, Savannen und Waldlichtungen bevorzugt, aber auch Waldpopulationen kommen beim Asiatischen wie beim Afrikanischen Elefanten vor. Afrikanische Elefanten sind auch in Halbwüsten anzutreffen.

Beide Arten sind von der Ausrottung bedroht. In Schutzgebieten und Nationalparks sind gesicherte Bestände vorhanden. Dennoch ist der Bestand beim Elefanten in den letzten 100 Jahren so rapide zurückgegangen, dass nach wie vor auf die Bestände achtgegeben werden muss. Von den einstigen flächendeckenden Verbreitungsgebieten in Afrika südlich der Sahara und in Vorder- und Hinterindien sind nur Inselvorkommen übrig geblieben.

Obwohl Elefanten seit mehreren Jahrtausenden gezähmt werden und als Arbeitselefanten im asiatischen Bereich bis heute im Gebrauch sind, wurde der Elefant nie zum Haustier, er wurde nie domestiziert. Auch die heutigen Arbeits- und Zirkuselefanten sind allesamt Wildtiere. Neben dem Einsatz als Arbeits- und Kulttier wurde der Elefant auch immer wieder als Kriegselefant genutzt, letztmalig im Zweiten Weltkrieg auf japanischer Seite.

Die beiden heutigen Elefantenarten sind die Endformen einer einstmals weltweit verbreiteten Säugetierordnung. Die ältesten Funde stammen aus dem Alt-Eozän und sind in Nordafrika entdeckt worden.

Aus dem gleichen Stamm wie die heutige Familie der Elefanten (Elephantidae) stammten auch die Mammuts (Mammutidae), deren eiszeitliche Vertreter ebenfalls in Asien und Europa zu Hause waren. Gerade von ihnen gibt es eine Reihe von Funden und Präparaten, die auch in den Naturkundemuseen ausgestellt sind. Umfangreiche Funde können im Naturkundemuseum St. Petersburg, Russland, betrachtet werden, unter anderem ein vollständig erhaltenes Mammutkalb.

Die Tradition der Elefantenhaltung kommt aus dem asiatischen Raum, wobei der Einsatz als Arbeits- und Kriegselefanten durch die kultisch-religiöse Bedeutung ergänzt wird. Auch im Altertum waren Elefanten in der römischen Welt zu sehen, und wohl jedermann kennt die Geschichte von Hannibal, der mit seinen Kriegselefanten die Alpen überqueren wollte.

Der erste »deutsche Elefant« war ein Geschenk des Kalifen von Bagdad, Harun Al Raschid, an Kaiser Karl den Großen. Es handelte sich um den Asiatischen Elefanten (Elephas maximus) »Abul Abaz«, der am 20. Juli 802 in der Kaiserstadt Aachen eintraf.

In den darauf folgenden Jahrhunderten waren verschiedene Elefanten in Mitteleuropa zu besichtigen, überwiegend Vertreter der asiatischen Art. So war in Breslau 1562 ein Elefant auf der Johannes-Messe die große Attraktion, und 1638 wurde in Hamburg ein Elefant zur Schau gestellt.

Nach dem Berliner Chronisten Christian Wendland kam der erste Elefant nach dem Tod des Großen Kurfürsten nach Berlin und wurde am 21. Dezember 1689 »für zwei Groschen« gezeigt. 1704 gab es einen dressierten Elefanten auf dem Neuen Markt zu sehen.

1777 war ein drittes Mal die Ankunft eines Elefanten in Berlin zu vermelden. Diesmal hatte man sogar eine Broschüre herausgegeben mit dem Titel »Geschichte des Elephanten, bei Gelegenheit des hier in Berlin angekommenen merckwürdigen Tieres beschrieben«.

Zoologischer Garten Berlin

Zur Gründung des Zoologischen Gartens Berlin kam es 1841, der am 1. August 1844 seine Pforten öffnete. Der erste Direktor, Prof. Dr. Martin Hinrich Lichtenstein, konnte erst am Ende seiner Dienstzeit, nur wenige Wochen vor seinem Tod, einen Elefanten präsentieren. Am 6. Juli 1857 traf im Berliner Zoo der Asiatische Elefantenbulle »Boy« (Abb. 1) ein, der von der Menagerie Liphard für 2 500 Taler gekauft worden war. Bei der Ankunft wurde »Boy« auf neun bis zehn Jahre geschätzt. Da er Zeit seines Lebens keine sichtbaren Stoßzähne hatte, wird immer wieder davon ausgegangen, dass es sich um einen Ceylon-Elefanten (Elephas maximus maximus) gehandelt haben soll, da Elefantenbullen von der Insel Ceylon oft stoßzahnlos bleiben. »Boy« war schon da-

mals 2,50 m groß und wuchs im Laufe seiner Zoozeit noch stark heran.

1859 entstand das erste Elefantenhaus, das »Boy« und seit 1862 auch der Asiatischen Elefantenkuh »Robert« eine Heimstatt bot. Wieso die Elefantin den männlichen Namen »Robert« trug, bleibt rätselhaft. Sie war ein Geschenk der Kronprinzessin Viktoria und galt aufgrund der relativ hellen Hautfarbe als »weißer Elefant«.

Am 3. Februar 1867 ereignete sich ein Unfall mit »Boy«. Der inzwischen 3,30 m große Elefantenbulle tötete seinen Wärter Schmidt, als der den Elefantenstall allein zur Reinigung betreten hatte. 1867 starb »Robert«. Das aus Siam stammende Tier wurde auf acht bis neun Jahre geschätzt.

1868 kam der erste Afrikanische Elefant (Loxodonta africana) in den Berliner Zoo. Es handelte sich um ein weibliches Tier mit dem Namen »Jenny«. Sie stammte aus der Menagerie des abessinischen Königs, als Herkunft wird der Sudan angegeben (Geburtsjahr circa 1865).

Am 1. Oktober 1869 trat Dr. Heinrich Bodinus als dritter Direktor des Zoologischen Gartens Berlin sein Amt an. Zuvor war er Direktor des Kölner Zoos gewesen. Unter seiner Leitung nahm der Zoo Berlin einen großen Aufschwung, sowohl was den Tierbestand als auch das Bauprogramm betraf. Bedeutende Stilbauten prägten nun das Gesicht des Berliner Zoos, und auch die Elefanten erhielten ein neues Gebäude (Abb. 2). Das prächtige neue Haus war in Form einer indischen Pagode gestaltet und wurde 1873 fertig gestellt. Um möglichen Komplikationen vorzubeugen, wurde der Umzug von »Boy« und »Jenny« vorsichtshalber erst einmal »geprobt«, wobei sich »Boy« nur unter allergrößter Mühe der beteiligten Tierpfleger dazu veranlassen ließ, sein angestammtes Quartier zu verlassen. Der endgültige Umzug verlief dann jedoch erstaunlich unproblematisch. »Boy« folgte dem vorgehaltenen Futter und schritt an einer großen Zuschauermenge vorbei zu seiner neuen Pagode.

Die phantasievoll ausgestattete Elefantenpagode fand großen Zuspruch beim Publikum und wurde bald zu einem architektonischen Wahrzeichen des Berliner Zoos. Auch im neuen Haus gab es einen Unfall mit »Boy«, der Obertierpfleger Pechler angriff und gegen das Gitter drängte,

als dieser den Stall zum Herausholen eines Besens betreten hatte. Doch diesmal verlief der Vorfall glimpflich und Pechler trug keine schweren Verletzungen davon. Am 18. Juli 1879 starb »Boy« nach einer Haltung von 22 Jahren.

1879 lieferte Carl Hagenbeck zwei Afrikanische Elefanten, die schon kurz darauf wieder starben. Angaben zum Geschlecht liegen nicht vor. Und schließlich verendete auch »Jenny« im Sommer 1882. Im Oktober 1880 war der weibliche Asiatische Elefant »Maldaa«, ein drei- bis vierjähriges Jungtier, im Zoo eingetroffen. Drei Jahre später wurde es an Hagenbeck abgegeben.

Am 17. April 1881 schenkte der Prince of Wales, der spätere König von Großbritannien Edward VII., aus Anlass der Hochzeit seines deutschen Neffen Wilhelm dem Berliner Zoo zwei halbwüchsige Asiatische Elefantenbullen. 1876 hatte Edward diese von seiner Weltreise für den Zoo London mitgebracht. Die beiden Bullen »Omar« und »Rostom« (Abb. 3) stammten aus Hindustan und waren bei der Ankunft etwa sieben Jahre alt. Die Bullen wurden gemeinsam gehalten und von ihren Pflegern vorgeführt. Eine Zeitlang wurden sie sogar zum Kinderreiten eingesetzt. »Rostom« tötete 1883 seinen Tierpfleger Krüger.

Eine 1883 von Hagenbeck importierte Asiatische Elefantenkuh namens »Rannich« wurde 1905 wieder abgegeben. Von Hagenbeck wurde 1888 ein weiteres Weibchen bezogen. Diese Kuh starb 1892. Im selben Jahr starb auch »Rostom«, und »Omar« wurde 1903 wegen eines unheilbaren Fußleidens getötet.

Noch im Oktober 1888 war ein neuer Afrikanischer Elefant nach Berlin gekommen, die um 1875 im Sudan geborene »Mary« (Abb. 5). Sie sollte der langlebigste Afrikanische Elefant des Berliner Zoos werden, lebte sie doch bis zum 2. Februar 1924. Mit fast 50 Lebensjahren gehört »Mary« zu den ältesten Afrikanischen Elefanten überhaupt in Menschenhand. 1895 bis 1898 lebte noch ein weiterer männlicher Asiatischer Elefant im Zoo Berlin, über den keine näheren Angaben existieren.

Seit 1888 war Dr. Ludwig Heck Direktor des Berliner Zoos, den der spätere Professor und Geheimrat bis 1931 leiten sollte. Eines seiner Hauptanliegen war die Zusammenstellung eines artenreichen und repräsentativen Tierbestandes für seinen Zoo. In seinem berühmten 1899 erschienenen Werk »Lebende Bilder aus dem Reich der Tiere« schildert Ludwig Heck sein Bemühen, einen Elefanten aus Westafrika zu erhalten, der sich durch verschiedene Merkmale vom Ost- und Südafrikaner unterscheidet. 1899 gelangte dann über den in Kamerun (damals deutsche Kolonie) tätigen Kolonialoffizier Dominik ein männlicher Afrikanischer Elefant (Abb. 4) nach Berlin, was den Säugetierkundler Paul Matschie im Jahr 1900 zur Beschreibung des Rundohr- oder Waldelefanten (Unterart cyclotis) veranlasste. Der junge Waldelefant wurde sowohl in den »Lebenden Bildern« sowie in der 4. Auflage von »Brehms Tierleben« abgebildet. Er starb am 11. Mai 1907.

Nach der Jahrhundertwende erlebte der Elefantenbestand des Zoologischen Gartens Berlin einen Aufschwung, nachdem am 8. Juni 1905 ein Paar Asiatische Elefanten aus dem Giza-Zoo von Kairo durch Carl Hagenbeck importiert worden waren. Der Bulle war der circa 1895 geborene »Harry« (Abb. 6/7) und die Kuh »Toni«, bei der die Geburtsangaben schwanken (1890/1895). »Harry« hatte »Toni« noch in Kairo erfolgreich gedeckt, und so gab es am 18. Dezember 1906 erstmals Elefantennachwuchs in Berlin. Das Kuhkalb »Editha« (Abb. 8) wurde jedoch von der Mutter nicht angenommen, die künstliche Aufzucht misslang, »Editha« wurde nur 24 Tage alt. Nach London und Wien war dies überhaupt erst die dritte Elefantengeburt in Europa.

Am 29. Juli 1909 starb »Toni«. 1912 wurde in Kamerun ein weiterer Waldelefant gefangen, der ebenfalls nach Berlin kam. Der junge Bulle erhielt den Namen »Kribi« und soll beim Fang erst einen Monat alt gewesen sein. Er lebte bis 1919 im Zoo Berlin. Ludwig Heck erwähnt in seiner Bearbeitung der Rüsseltiere in der 4. Auflage des Brehm einen Afrikanischen Elefanten aus Südrhodesien, der von der Firma Ruhe am 28. Juli 1914 an den Zoo Berlin geliefert wurde. Das Tier starb am 23. Juni 1917.

Ebenfalls aus Rhodesien stammte der Afrikanische Steppenelefantenbulle »Carl« (Abb. 10/11), der 1924 in den Berliner Zoo kam, damals geschätzte drei Jahre alt. Um 1935 starb er an einem Darmvorfall. Dem verwitweten »Harry« bescherte ein Hagenbeck-Import von 1925 ein neues Weib-chen. Die mitunter als »Mary« geführte Kuh erhielt in Berlin den Namen »Toni II« (Abb. 9/13/14/16/20) und war zum Zeitpunkt des Imports etwa 22 Jahre alt.

Der dritte Afrikanische Waldelefant stammte aus dem Kongo und wurde 1926 von Hagenbeck erworben. Das männliche Tier, benannt nach der bekannten Berliner Likörfirma »Mampe« (Abb. 12 - 15), war auffällig kleinwüchsig. Sein Geburtsjahr schätzten die Zoologen auf 1917. Bei seiner Ankunft hatte der Elefantenbulle eine Schulterhöhe von 130 cm. Bis 1929 erreichte »Mampe« immerhin 176 cm, veränderte dann aber sein Wachstum nicht mehr. Der Berliner Zoologe Pohle beschrieb ihn in der Zeitschrift für Säugetierkunde als Zwergelefanten.

Diese dritte Elefantenform wurde 1906 von Noack als eigenständige Form mit der wissenschaftlichen Bezeichnung Loxodonta pumilio beschrieben. »Mampe« starb am 11. November 1933.

1928 gab es zum zweiten Mal Elefantennachwuchs im Berliner Zoo. Die Asiatische Elefantin »Toni II« brachte am 20. September das Kuhkalb »Kalifa« (Abb. 16) zur Welt, das sie vorbildlich betreute. Vater war wie bei »Editha« der inzwischen über 30-jährige »Harry«. »Kalifa« war der Star jener Zoojahre, der — vergleichbar dem heutigen Rummel um Knut — unzählige Besucher anzog. Die Zeitungen titelten damals »Anstehen nach Kalifa«. Zeitweilig musste sogar die Polizei Hilfe leisten, um den Kalifa-Ansturm zu koordinieren. 1939 zog sich »Kalifa« eine Fußverletzung an den damals noch üblichen Stacheln der Grabenkante ihres Geheges zu, der sie schließlich erlag. Ihre Mutter war fünf Jahre zuvor eingegangen, auch Vater »Harry« starb 1934. Im Laufe der Jahre hatte er sich seine beiden ursprünglich sehr schönen Stoßzähne abgebrochen.

1932 wurden zwei Asiatische Elefantenkühe übernommen, »Rannie« erreichte über den Zoo Paris und den Münchner Tierpark Hellabrunn am 24. Mai 1932 Berlin. Ihr Verbleib ist unklar. Mit ihr zusammen traf ebenfalls aus Hellabrunn die um 1905 geborene »Toni III« ein.

Etwa 1920 wird als Geburtsdatum des Asiatischen Elefantenbullen »Siam« (Abb. 18/19) angegeben, der 1933 vom Zirkus Krone in den Berliner Zoo gelangte. 1934 kam die zweijährige Asiatin »Taku« von Hagenbeck, die knapp vier Jahre später verendete.

Am 12. April 1935 traf aus dem Zoo Hannover die 12-jährige »Aida« ein, die dort von dem Bullen »Omar« erfolgreich gedeckt worden war. Zum dritten Mal gab es somit — am 8. April 1936 — im Zoo Berlin Elefantennachwuchs. »Aida« brachte den kleinen »Orje« (Abb. 21) zur Welt, von dem die Bildhauerin Anni Beck eine Bronzeskulptur schuf, die noch heute den Eingang des Berliner Elefantenhauses ziert.

Zwei weitere Asiatische Elefantenkühe im Zoo waren »Korat« und »Rani«, beide dreijährig. Während »Rani« am 21. Mai 1936 an Hagenbeck abgegeben wurde, verendete »Korat« im Juli 1938. Auch eine Afrikanische Steppenelefantin erreichte 1935 den Zoo Berlin. Die 15-jährige »Lindi« (Abb. 17/20) stammte aus Tanganjika. 1936 und 1938 kamen die beiden Asiatischen Elefantenkühe »Birma« (circa vierjährig) und »Jenny II« (geb. circa 1910, Abb. 22) von den Firmen Hagenbeck beziehungsweise Ruhe nach Berlin. »Jenny II« war tragend und gebar am 27. November 1938 das Kuhkalb »Indra« (Abb. 22), das sie problemlos aufzog.

Die Afrikanische Steppenelefantin »Tembo«, seit 1938 im Zoo Berlin, wurde 1943 nach Hellabrunn abgegeben, wo sie 1944 starb.

Aus dem Zoo Warschau kam 1938/39 die Asiatische Elefantenkuh »Taku II« in den Berliner Zoo, und am 31. März 1939 gab der Münchner Tierpark Hellabrunn seinen dort knapp sieben Jahre zuvor geborenen Asiatischen Elefantenbullen »Wastl« (Abb. 23) an Berlin ab. Im Jahr zuvor hatte »Wastl« in München seinen Pfleger Hans Werner getötet.

1940 gab die Afrikanische Steppenelefantin »Topsi« ein kurzes Gastspiel in Berlin. Zuvor hatte »Topsi« im Zoo Köln gelebt, doch schon im November 1940 wurde sie in den Tiergarten Wien-Schönbrunn evakuiert. Von dort kam sie 1941 nach München und 1943 nach Breslau, wo sie bei Kriegsende umkam.

Im Zweiten Weltkrieg erlebte Berlin schwere Luftangriffe, die seit 1941 zunehmend auch den Zoo betrafen. Ein besonders schwerer Angriff ereignete sich vom 22. auf den 23. November 1943, der im Zoologischen Garten unwiederbringliche Schäden anrichtete. Bei diesem Angriff wurden unter anderem das Aquarium, das Antilopenhaus und auch die prächtige Elefantenpagode völlig zerstört. Der damalige Zoodirektor Prof. Lutz Heck hat die Kriegszerstörung eindrucksvoll in seinem Buch »Tiere — mein Abenteuer« beschrieben. Von herabfallenden Trümmern wurden allein sieben Elefanten getötet: die Asiatischen Elefanten »Toni III«, »Aida«, »Birma«, »Jenny II«, »Indra«, »Taku II« sowie die Afrikanische Elefantin »Lindi«. »Wastl« war bei dem Luftangriff ausgebrochen und musste erschossen werden. Einzig der in einem Eckstall untergebrachte »Siam« überlebte das Inferno. So konnten die Berliner nach der Wiedereröffnung des Zoos 1945 noch kurzfristig einen Elefanten sehen. »Siam« erlag im März 1947 einer akuten Darmentzündung.

Es sollte drei Jahre dauern, bis wieder ein Rüsseltier in den Zoologischen Garten Berlin gelangte. Zoodirektorin Dr. Katharina Heinroth konnte als Geschenk des indischen Ministerpräsidenten Pandit Nehru an die Berliner Kinder die dreijährige Indische Elefantenkuh »Shanti« (Abb. 24/25) in Empfang nehmen. »Shanti« musste anfänglich im Zebrahaus untergebracht werden, da das neue Elefantenhaus erst 1955 fertig gestellt wurde. In Ermangelung von Elefantengefährten bekam »Shanti« allerlei andere Kumpane, unter anderem ein Lama. Abwechslung erfuhr »Shantis« Alltag auch durch morgendliche Spaziergänge mit ihrem Pfleger.

Mit dem neuen Elefantenhaus setzte Frau Dr. Heinroth Maßstäbe. Es waren Elefantenstände und Freianlagen für beide Arten vorgesehen sowie zwei separate Bullenstände, ebenfalls mit Freigehegen versehen. Dieses Haus tut bis heute seinen Dienst, auch wenn in den achtziger und neunziger Jahren Erweiterungen im Innenbereich sowie an den Außenflächen vorgenommen worden sind.

Für das neue Haus traf 1955 ein von Hagenbeck geliefertes dreijähriges Afrikanisches Steppenelefantenpaar ein. Der Bulle hieß »Salim« und die Kuh »Mondula« (Abb. 26-29). So konnte der Nachfolger von Katharina Heinroth, Dr. Heinz-Georg Klös, schon auf drei Elefanten verweisen. Noch in seinem Antrittsjahr 1957 erwarb er zwei Indische Elefantenkühe, die etwa sechsjährige »Rada«, die schon bald den traditionsreichen Spendernamen »Mampe« erhielt, und die circa zweijährige »Lakshmi« (Abb. 30-32). Im Jahr darauf konnte eine besonders schöne Afrikanische Steppenelefantin mit dem Namen »Jambo« (Abb. 34) von Tierhändler Schulz aus Südwestafrika importiert werden.

1959 übernahm der Zoo vom Zirkus Williams die um 1920 auf Ceylon geborene »Jenny« (Abb. 35), im Zoo Berlin immerhin die dritte Trägerin dieses Namens. »Jenny« war an Ohrrändern und Stirn durch Pigmentausfälle mit vielen rosa Flecken versehen. »Jambo« erlitt am 10. April 1960 nach einer Überfütterung durch Besucher einen Dünndarmriss und eine Bauchfellentzündung und musste daraufhin eingeschläfert werden. Der Zoo nahm das zum Anlass, ein allgemeines Fütterungsverbot aller Zootiere durch die Besucher einzuführen.

Fünf Monate später konnte aus einem Import der Firma Ruhe eine neue »Jambo« (Abb. 36) erworben werden. Das circa fünfjährige Tier stammte aus dem Kongo und war somit ein Afrikanischer Waldelefant. Als Sponsor trat die damals bekannte Schuhfirma Salamander auf. Am 5. August 1963 gab es einen tragischen Unfall im Elefantenhaus. Der zwölfjährige »Salim« tötete seinen Pfleger Günther Lenz. Die betagte Elefantendame »Jenny« starb am 10. November 1965 an allgemeiner Altersschwäche.

In den sechziger Jahren erweiterte Heinz-Georg Klös den Elefantenbestand des Zoos. Es gelang ihm, mehrere Afrikanische Steppenelefanten zu erwerben. Den Anfang machten 1966 die beiden gut zweijährigen Elefantenkühe »Bumi« und »Yala« (Abb. 37/38). Geliefert hatte sie Walter Schulz aus Südwestafrika, die Kaufsumme übernahm die Firma Möbel-Hübner. Im Jahr darauf lieferte Schulz erneut 1,3 (einen Bullen, drei Weibchen) zweijährige Afrikanische Elefantenkälber. Der Bulle wurde schon nach wenigen Wochen zurückgegeben, die drei Weibchen erhielten die Namen »Murikati«, »Kutenga« und »Bonyaba« (Abb. 38) (schon bald in »Carl« umgewandelt aufgrund der Spenderfirma Carl Mampe). Auch die anderen beiden Kühe fanden Spender, so das Bekleidungshaus Ebbinghaus und die Firma Ohde KG.

1969 wurde »Bumi« wegen des fehlenden rechten Stoßzahns an Walter Schulz zurückgegeben, dafür kam die vierjährige »Merula« in den Zoo.

1973 verlor der Zoo innerhalb weniger Wochen drei der jungen Afrikanerkühe. »Merula« starb am 20. Mai, »Yala« am 20. Juni und »Murikati« am 14. Juli. Alle drei erlagen einer Enterotoxämie, verursacht durch Clostridium perfrigens.

Als »Trostpflaster« für die drei verendeten Kühe konnte im September 1973 durch Hermann Ruhe die erst einjährige »Mopani« erworben werden. »Mopani« stammte aus Südafrika.

1974 übernahm der Zoo die zehnjährige Indische Elefantenkuh »Tanja« (Abb. 39/40), die seit 1967 bei Krone im Bestand war, sich aber bei der Dressur als nicht ganz zuverlässig erwiesen hatte. Ebenfalls 1974 kamen noch einmal zwei Afrikanische Steppenelefanten in den Zoo. Die dreijährigen Kühe »Arua« und »Lilak« waren in Uganda zur Welt gekommen. Die Eisfirma Langnese trat als Spender auf. Nach 21 Jahren Haltung verendete »Mondula« am 24. September 1974. Die jahrelang herzkranke »Mondula« erlag einem Lungenemphysem. 1975 entschloss sich der Zoo, den immer aggressiver werdenden »Salim« einzuschläfern. Am 29. Juni 1975 starb nach 33-jähriger Haltung »Shanti« an einer Sepsis. Bei Auseinandersetzungen in der Herde hatte sie sich zudem eine Beckenfraktur zugezogen.

Nehrus Tochter Indira Gandhi, inzwischen selbst indische Ministerpräsidentin, schenkte den Berlinern einen neuen Indischen Elefanten. Die am 19. Januar 1974 in Mysore geborene »Iyoti« (Abb. 41/43) traf am 15. Juni 1976 im Berliner Zoo ein.

Zwei Monate später musste die Afrikanische Steppenelefantin »Carl« nach einem Beinbruch eingeschläfert werden, den sie sich nach einer Rangelei mit der Waldelefantin »Jambo« zugezogen hatte. Als Gefährtin für »Iyoti« konnte am 11. Mai 1977 eine circa dreijährige Indische Elefantin vom Tierhändler Gollembeck erworben werden. Einmal mehr erhielt das weibliche Tier den männlichen Vornamen »Carl« nach der Likörfirma Mampe, die den Kaufpreis gesponsert hatte.

Im Juli 1980 gab es zwei Elefantenverluste. Am 9. Juli erlag »Kutenga« einer Enterotoxämie. Die im Nebenstall stehende »Arua« verendete am Tag danach an einer Darmentzündung.

Am 18. Mai 1982 erlag die Waldelefantin »Jambo« im Alter von 27 Jahren einem Kreislaufversagen. Mehrfach hatte die inzwischen über 30-jährige »Mampe« Kreislaufzusammenbrüche. Am 7. August 1985 brach sie auf der Freianlage zusammen. Trotz Einsatzes der Feuerwehr mit Kran und Luftkissen gelang es nicht, »Mampe« wieder aufzurichten, so dass das Tier am Abend eingeschläfert werden musste.

Elf Jahre nach »Salims« Tod entschloss sich der Zoo, wieder einen Elefantenbullen in den Bestand aufzunehmen. Vom Zirkus Julius Köllner traf am 4. Dezember 1986 der um 1969 geborene »Boy« in Berlin ein. Der hochgewachsene Indische Elefantenbulle zeichnete sich durch besonders lange und schöne Stoßzähne aus. Die Autoren der Kinderhörspiele um den Zooelefanten »Benjamin Blümchen« spendeten die Kaufsumme für »Boy«, der dann natürlich auch »Benjamin Blümchen« (Abb. 42/43) genannt wurde.

Wie bereits »Mondula«, so war leider auch die Afrikanische Steppenelefantin »Mopani« herzkrank. Am 20. Januar 1987 wurde sie aufgrund irreparabler Herz- und Lungenbeschwerden eingeschläfert.

Um den Bestand Asiatischer Elefanten im Zoo Berlin zu erhöhen, wurden im September 1987 drei erwachsene Elefantenkühe aus dem aufgelösten italienischen Zoos von Turin und Verona übernommen. Es handelte sich um die beiden Turiner Kühe »Alice« (geb. circa 1968) und »Baby« (geb. circa 1970) sowie »Mary« (geb. circa 1970) aus Verona. Alle drei erhielten schon bald Sponsoren, womit wieder einmal ein Namenswechsel anstand. Aus »Alice« wurde »Svea« (Sponsor IKEA), aus »Baby« »Ayesha« (Privatspende), und »Mary« wurde nach dem Maskottchen der Dresdner Bank »Drumbo« (Abb. 45) genannt.

1987 schenkte das Königreich Thailand aus Anlass der 750-Jahrfeier Berlins dem Zoo Berlin einen sechs Monate alten weiblichen Asiatischen Elefanten, »Pang Pha« (Abb. 44). Das Elefantenbaby war schon bald ein Liebling der Besucher, und in der Elefantengruppe nahm sich vor allem »Iyoti« als »Tante« des Kleinen an.

Am 2. April 1996 wurde die 41-jährige »Lakshmi«, die seit Jahren an Nagelgeschwüren litt, eingeschläfert, als sie nach einer Fußoperation nicht mehr auf die Beine kam. Der letzte Afrikanische Elefant des Zoos, die inzwischen 25-jährige »Lilak«, wurde am 17. April 1996 im Tierpark Berlin eingestellt, wo sie schon bald die Rolle der Leitkuh einnahm.

Völlig überraschend starb auch »Benjamin Blümchen« am 28. August 1996. Festgestellt wurde allgemeine Organschwäche. Inwieweit sein Tod in Verbindung mit Dämpfen eines Farbanstrichs im Elefantenhaus stand, blieb ungeklärt.

Als Ersatz für ihn wurde der knapp zehnjährige »Kiba« (Abb. 46) erworben. Dieser Asiatische Elefantenbulle war im texanischen Zoo Houston zur Welt gekommen und erhielt wiederum sponsorenbedingt den Namen »Mampe«. »Kiba« war es auch, der zusammen mit »Pang Pha« nach 62 Jahren wieder für Elefantennachwuchs im Zoo Berlin sorgen sollte. Allerdings erlebte »Kiba« seinen Nachwuchs nicht. Er starb am 31. August 1998 an einer Herpesvirusinfektion.

Am 5. April 2000 brachte »Pang Pha« ein Bullkalb zur Welt, das sie jedoch nicht annahm und dessen künstliche Aufzucht durch die Pfleger erfolgte. Der kleine »Plai Kiri« (Abb. 47) war eine große Publikumsattraktion, wie 1928 bei »Kalifa« hieß es: anstehen. Völlig unerwartet starb »Kiri« am 28. Dezember 2000 wie sein Erzeuger an einer Herpesvirusinfektion. Noch am Abend zuvor hatte Elefantenpfleger Rüdiger Pankow mit dem Jungtier gespielt und es gefüttert.

Drei Monate zuvor war es gelungen, einen neuen Asiatischen Elefantenbullen zu beschaffen, den am 23. Oktober 1993 im israelischen Safaripark Ramat Gan geborenen »Victor« (Abb. 48). »Svea« und »Ayesha« waren aufgrund von Streitereien, die ständig in der Elefantenherde auftraten, 2003 an den Safaripark Madrid abgegeben worden.

Den zweiten Elefantennachwuchs im Berliner Zoo nach dem Zweiten Weltkrieg gab es am 14. Juni 2005. »Pang Pha« brachte, gezeugt von »Victor«, das Kuhkalb »Shaina Pali« (Abb. 49) zur Welt, das sie diesmal problemlos aufzog.

Tierpark Berlin

Hundertelf Jahre nach der Eröffnung des Zoologischen Gartens Berlin entstand mit dem Tierpark Berlin im Stadtteil Friedrichsfelde im Ostteil der Stadt ein weiterer Zoologischer Garten in der geteilten Stadt. Am 1. Juli 1955 eröffnete in Anwesenheit des ostdeutschen Präsidenten Wilhelm Pieck und des Leipziger Zoodirektors Prof. Dr. Karl Max Schneider der neue Tierparkdirektor Dr. Heinrich Dathe den Tierpark Berlin. Schon im Juni 1955 waren die beiden ersten Elefanten für Friedrichsfelde eingetroffen. Es handelte sich um die Asiatischen Elefantenkühe »Dombo« (geb. 1951 in Assam) und »Bambi« (geb. 1952 in Mysore) (Abb. 50/54/55/58/59), die von den Tierhandelsfirmen Hagenbeck bzw. Ruhe erworben worden waren. Ein Elefantenhaus gab es noch nicht, die Tiere fanden ihre Unterbringung im ehemaligen Kuhstall der Familie von Treskow, der letzten Besitzer des Schlosses Friedrichsfelde.

Ein Jahr später kam ein dritter Elefant in den Tierpark. Der Afrikanische Elefantenbulle »Hannibal« (Abb. 50) konnte vom Opelzoo Kronberg übernommen werden. Als Geburtsjahr wird 1953 angegeben. Der Bulle stammte aus einem Loxodonta-Import Georg von Opels aus dem Jahr 1955. Die in Kronberg gebliebenen Tiere wurden in den sechziger Jahren für die Zucht verwendet.

1958 traf ein großer Tiertransport aus Vietnam im Tierpark Berlin ein, mit dem unter anderem die ersten Hängebauchschweine nach Europa gelangten. Außerdem befand sich als Geschenk des vietnamesischen Staatspräsidenten Ho Chi Minh die knapp zweijährige Asiatische Elefantin »Kosko« (Abb. 51-55/58/60) unter den Tieren. »Kosko« war beim Tierpark-Publikum ausgesprochen beliebt und erfreute sich als jüngste der vier Elefanten großer Aufmerksamkeit. Es war üblich, mit den jungen Elefanten durch den Tierpark zu spazieren und sie in den Wassergräben der Wisent-Anlage baden zu lassen. Auch ein Sommerquartier mit Wetterschutzdach auf einer großen Wiese in der Nähe des Schlosses wurde regelmäßig mit den Elefanten besucht.

Im Januar 1960 verendete der Afrikanerbulle »Hannibal« an einer Enteritis. Im Oktober erwarb der Tierpark den Asia-

tischen Elefantenbullen »Jony« (Abb. 56), dessen Geburtsjahr mit 1957 angegeben ist. Er stammte aus Assam. Geliefert wurde er vom indischen Tierhändler George Munro, der später in der Hansestadt Bremen einen Zoologischen Garten betrieb.

Die Ulmer Tierhandelsfirma Julius Mohr schickte im Oktober via Tierpark eine fünfjährige Indische Elefantenkuh zum Zoozentrum Moskau. Im November schließlich erreichten zwei Elephas-Weibchen von Munro aus Indien Berlin. Die beiden Elefantenkühe durchliefen nur im Transit Friedrichsfelde, eine reiste weiter via Hamburg zum Zoo Dresden, die andere zum Zoo Rostock.

1961 überließ der ostdeutsche Zentralzirkus dem Tierpark den circa zehnjährigen Asiatischen Elefantenbullen »Radjah« (Abb. 57), der ursprünglich aus dem Zirkus Frankello stammte. Das Tier hatte schmale, aber lange Stoßzähne und ging vorn etwas lahm. »Radjah« wurde zunehmend unberechenbarer und musste nach Angriffen auf die Tierpfleger schließlich getötet werden.

1962 wurden mehrfach Asiatische Elefanten über den Tierpark Berlin an andere Abnehmer geschickt. 2,5 Asiatische Elefanten reisten auf diesem Wege weiter an die Firma Ruhe sowie die Zoos von Halle, Leipzig, Rostock und Erfurt und zum Zoozentrum Moskau. Im Mai 1962 wurde »Jony« im Tausch an den Zoo Rostock abgegeben. 1963 reiste zum letzten Mal eine Elefantenkuh von Munro via Tierpark nach Moskau. 1969 kam die einjährige Afrikanische Elefantenkuh »Dashi« (Abb. 58-60/64) über die Firma Ruhe in den Tierpark. Sie stammte aus Ostafrika.

1977 musste »Bambi« im Alter von 25 Jahren wegen eines nicht heilbaren Fußleidens eingeschläfert werden. Als Ersatz lieferte die Firma Ruhe im September des gleichen Jahres die circa vierjährige »Louise« (Abb. 60), die aus Vorderindien stammte.

Tierparkdirektor Heinrich Dathe, durch Film, Funk und Fernsehen inzwischen eine stadt- und landesbekannte Persönlichkeit, hatte wiederholt versucht, die Stadtoberen Ostberlins für den Bau eines Elefantenhauses zu erwärmen. Jedoch wurden immer wieder andere Projekte im Bauwesen vorgeschoben. Erst 1986 konnte nach einem Entwurf des Architekten Heinz Graffunder mit dem Neubau des Elefantenhauses begonnen werden.

In Vorbereitung für das neue Haus trafen 1987 1,3 zweijährige Afrikanische Steppenelefanten aus Rhodesien im Tierpark ein, die der Tierhändler Werner Bode vermittelt hatte. Der Bulle erhielt den Namen »Tembo« (Abb. 62/65/73), und die Kühe bekamen die Namen »Sabah« (Abb. 62/72/74/85), »Bibi« (Abb. 62/70/92) und »Umtali« (Abb. 62). Da das Elefantenhaus noch nicht fertig gestellt war, zogen die vier kleinen Afrikaner in eine Fertighalle auf den Wirtschaftshof des Tierparks.

1988 trafen die beiden circa achtjährigen Asiatischen Elefantenkühe »Frosja« und »Astra« (Abb. 61) in Friedrichsfelde ein. Das Herkunftsland der beiden Tiere ist Vietnam, und sie gehören dem Zoologischen Garten Moskau.

Im Jahr darauf konnte endlich am 29. September 1989 das Elefantenhaus im Tierpark eröffnet werden — ein großer Baukörper mit einer Grundfläche von 6 000 m², dem 11 000 m² Freianlagen vorgelagert sind. Sowohl für Indische wie Afrikanische Elefantenanlagen sind jeweils zwei Gehege vorhanden, damit Mütter mit Jungtieren beziehungsweise die Bullen zeitweise abgetrennt werden können. Zuvor waren die nunmehr elf Tierpark-Elefanten umgezogen. Verstärkt wurde die Truppe seit Juni 1989 durch den sechsjährigen Bullen »Ankhor« (Abb. 63), der via Van den Brink aus Burma nach Berlin gelangt war.

Im April 1990 kam es zum Grabensturz der ältesten Tierparkelefantin »Dombo«, die dabei ums Leben kam. »Dombo« wurde fast 40 Jahre alt. Im September 1990 lieferte Van den Brink einen zweiten Asiatischen Elefanten aus Burma, die siebenjährige »Kewa« (Abb. 76/79/83/84).

Am 19. Juli 1994 starb »Kosko« im Alter von 38 Jahren. Bei einer innerartlichen Auseinandersetzung hatte sie durch einen Schwanzbiss so starke Verletzungen erlitten, dass ein Teil des Schwanzes abgesetzt werden musste. Dabei war es zu stärkeren Verletzungen der Schwanzwirbel gekommen. In der Narkose verendete die Elefantin. Bei der Sektion kam eine Herzerweiterung zutage sowie Tumore und Zysten an der Gebärmutter.

Die kleinste der drei Afrikanerkühe von 1987, »Umtali«, verendete am 26. Januar 1995 im Alter von zehn Jahren. Anfang des Jahres hatte »Umtali« starke Schwankungen in der Futteraufnahme gezeigt und letztlich das Fressen fast eingestellt. In der Sedierung wurde ihr ein fußballgroßer Futterwickel aus dem Rachenraum entfernt. Danach hat das Tier wieder getrunken. Am kommenden Tag wurde es jedoch tot im Stall aufgefunden. Bei der Sektion diagnostizierten die Veterinärmediziner eine Störung des Zentralnervensystems.

Seit 1995 wurden ständige Paarungen bei den Asiatischen Elefanten beobachtet. 1996 verstärkte sich das Interesse von »Ankhor« vor allem an »Kewa«. Die seit 1994 im Zoologischen Garten Berlin lebende Afrikanische Elefantenkuh »Lilak« (Abb. 66) wurde am 17. April 1996 im Tierpark eingestellt. »Lilak« zeigte sich als selbstbewusste Elefantin, die schon nach wenigen Augenblicken die Führung in der Herde übernahm.

Regelmäßige Progesteronuntersuchungen im Blut unserer Asiatischen Elefanten deuteten 1997 auf zwei sichere Trächtigkeiten hin. Sowohl »Kewa« als auch die ältere »Louise« erwiesen sich bei den Graviditätsuntersuchungen als trächtig. Am 18. Juli 1997 erreichten die beiden 16-jährigen Afrikanischen Elefantenkühe »Mafuta« (Abb. 67) und »Pori« (Abb. 67/73/86) den Tierpark Berlin. Sie wurden vom Zoo Magdeburg eingestellt. Am 17. Januar 1998 war es soweit: Nach 60 Jahren gab es wieder Elefantennachwuchs in Berlin. Die 15-jährige »Kewa« brachte gegen 2.15 Uhr morgens ein Bullkalb zur Welt. Leider war es tot (Abb. 68). Das tote Kalb war am ganzen Körper mit Pusteln bedeckt, die sich bei der Laboruntersuchung schließlich als Pocken herausstellten. Die Geburt selbst war völlig unproblematisch vor sich gegangen. »Kewa« zeigte schon am Tag nach der Geburt ein völlig normales Verhalten. Die Totgeburt wog 117,5 kg.

Leider verlief auch die zweite Geburt 1998 nicht erfolgreich. Am 31. Juli musste die 25-jährige »Louise« per Dammschnitt von einer weiblichen Totgeburt entbunden werden. Am 25. Juli waren starke Wehen festgestellt worden. Da die Geburt jedoch nicht erfolgte, wurde an den folgenden Ta

gen versucht, diese durch Wehen fördernde Mittel einzuleiten. Als dies auch nach vier Tagen nicht zum Erfolg führte, wurde die Episiotomie vorgenommen. Offensichtlich war das vergleichsweise hohe Alter von »Louise« als erstgebärende Elefantin für den verzögerten Geburtsverlauf verantwortlich. Vater beider Kälber war »Ankhor«.

Das Jahr 1999 ging dann als erfolgreiches Elefantenjahr in die Berliner Tierparkgeschichte ein. Am 15. Januar 1999 brachte die 14-jährige Elefantin »Bibi« um 7.15 Uhr ein gesundes weibliches Kalb zur Welt. Vater war der gleichaltrige »Tembo«. Das Kalb war 88 cm hoch, knapp drei Stunden nach der Geburt trank es erstmalig. Es erhielt den Namen »Matibi« (Abb. 69/70/75/80). Die ebenfalls 1985 geborene Afrikanerkuh »Sabah« bekam dann am 9. April 1999 ein Bullkalb, das um 5.25 Uhr morgens geboren wurde (Vater »Tembo«). Der sehr kleinwüchsige Bulle mit 79 cm Körperhöhe hatte Mühe, an die mütterlichen Zitzen heranzukommen, so dass ihm die Pfleger als »Trittbrett« anfänglich eine Obstkiste unterstellten. Er erhielt den Namen »Tutume« (Abb. 71/72/74/75/80). Beide Elefantenkinder verursachten einen großen Publikumsansturm, den der Tierpark seit Jahren nicht mehr erlebt hatte.

Die Hormonuntersuchungen zur Trächtigkeitsprognose bei unseren Elefanten wurden im Jahr 2000 von Blut- auf Urinproben umgestellt. Die Ergebnisse sprachen für Trächtigkeiten bei der Afrikanischen Elefantenkuh »Pori« und der Asiatischen Elefantin »Kewa«. Erfreulicherweise bestätigten sich die Prognosen. Am 4. Mai 2001 brachte die 19-jährige Loxodonta-Kuh »Pori« auf der Elefantenanlage ein gesundes Kuhkalb zur Welt. Vater war, wie bei den beiden Geburten zuvor, »Tembo«. Das Kalb erhielt den Namen »Tana« (Abb. 77/80/88) nach einem Fluss in Kenia. »Tana« war inzwischen der neunte Afrikanische Elefant, der in Deutschland zur Welt gekommen war. Die zweite Elefantengeburt 2001 fand am 2. November statt. Die Asiatische Elefantin »Kewa« bekam in den frühen Morgenstunden um 2.20 Uhr ein weibliches Kalb (Vater »Ankhor«). Das Kälbchen erhielt den Namen »Temi« (Abb. 78/79).

Weiterer Elefantenzuwachs erhielt der Tierpark Berlin am 4. März 2003 mit den beiden Sumatra-Elefanten (Elephas maximus sumatranus) »Nowa« und »Cynthia« (Abb. 81), die 1993 bzw. 1995 im indonesischen Zoo Bogor zur Welt gekommen waren. Zuvor hatten die beiden Sumatra-Elefanten im Zoo Halle gelebt. Nach der Integrierung in die Herde der Asiatischen Elefanten wurden schon im Juni beide vom Zuchtbullen »Ankhor« gedeckt. Am 28. April 2003 wurde der inzwischen vierjährige Afrikanische Elefantenbulle »Tutume« im Zoologischen Garten Osnabrück eingestellt, wo er sich schon bald zu einem stattlichen Jungbullen entwickelte.

Auch die Hormonuntersuchungen 2004 wiesen wieder auf erfolgreiche Elefantenpaarungen hin. Sowohl die Sumatra-Elefanten »Cynthia« und »Nowa« als auch die bewährte Zuchtkuh »Kewa« wurden als trächtig klassifiziert, ebenso die Afrikanische Elefantin »Pori«. Und so wurde 2005 erneut zum »Elefantenjahr« in Friedrichsfelde. In den frühen Morgenstunden des 14. Februar brachte die Sumatra-Elefantin »Nowa« ein Bullkalb zur Welt. Das Bullkalb kam nach einer Tragzeit von 19½ Monaten früher als erwartet auf die Welt, wurde aber problemlos von seiner Mutter angenommen. Mit ihr im Stall war ihre Kumpanin »Cynthia«. Der kleine Bulle erhielt den Namen »Horas« (Abb. 82/84). Am 3. April 2005 bekam dann auch »Cynthia« ihr Kalb, dies nach einer Tragzeit von 21 Monaten. Das Kalb war weiblich und erhielt den Namen »Cinta« (Abb. 82/84). Als dritte im Bunde brachte schließlich »Kewa« am 8. Mai ihr drittes Kalb zur Welt. Es war ein gut entwickelter und großer Bulle, der den Namen »Yoma« (Abb. 83/84) erhielt. Im Laufe des Jahres bildeten die drei Jungtiere erst zusammen mit ihren Müttern und dann integriert in die gesamte Elefantenherde die Attraktion für das Tierparkpublikum, zumal 2005 auch die 50. Wiederkehr der Tierparkeröffnung zu feiern war.

Weniger erfreulich verlief die zweite Geburt bei der Afrikanischen Elefantin »Pori«. Sie tötete ihr am 27. Juni zur Welt gebrachtes Jungtier wenige Stunden nach der Geburt. 2006 wurde die inzwischen 20-jährige Afrikanische Elefantin »Sabah« zum zweiten Mal Mutter. Nach dem Bullkalb »Tutume« von 1999 brachte sie am 17. März morgens um 3.35 Uhr ein gut 90 kg schweres Kuhkalb zur Welt, das den Namen »Kariba« (Abb. 85 – 88) erhielt.

Die erfreuliche Elefantennachzucht im Tierpark Berlin brachte es natürlich mit sich, dass auch immer wieder Jungtiere an andere Zoos abgegeben werden mussten. So wurde der erste erfolgreiche Elefantennachwuchs, die Afrikanerin »Matibi«, am 14. August 2006 an den Zoo Osnabrück abgegeben, wo schon ihr Halbbruder »Tutume« lebte. Am 27. Oktober reiste schließlich die knapp fünfjährige Asiatische Elefantenkuh »Temi« in den Münchner Tierpark Hellabrunn.

Am 7. Oktober ereignete sich im Elefantenhaus ein Unfall. Die Afrikanische Elefantin »Mafuta«, seit 1997 im Tierpark Berlin eingestellt, stieß Reviertierpfleger Ingolf Kastirke in den Graben. Gott sei Dank passierte ihm außer mehreren Rippenbrüchen nichts Schwerwiegendes. Auf der Suche nach einem neuen Haltungsort für die unzuverlässige »Mafuta« stellte sich der Zoologische Garten Halle zur Verfügung, der in einem neuen Elefantenhaus die Elefanten ohne direkten Kontakt halten kann.

Am Jahresende erbrachten die Hormonuntersuchungen Gewissheit, dass auch 2007 mit Elefantengeburten zu rechnen wäre. Die Afrikanerin »Pori« brachte am 20. Mai 2007 ein gesundes Bullkalb zur Welt, wiederum auf der Freianlage wie schon bei ihrer ersten Geburt. Der Kleine erhielt den Namen »Kando« (Abb. 86 – 89) und begann unmittelbar nach dem Aufrichten Kontakt zum nahe gelegenen Wasserbecken zu suchen, in das er dreimal hineinkletterte und beim letzten Mal sogar in den tiefen Bereich ging. Er schwamm dabei wie ein erwachsener Elefant, wurde dann aber von den Pflegern sicherheitshalber geborgen.

Und am 22. August 2007 brachte die 22-jährige Afrikanische Elefantenkuh »Bibi« ihr zweites Jungtier zur Welt, das Kuhkalb »Panya« (Abb. 90 – 92). Die Geburt erfolgte am frühen Morgen kurz vor 8 Uhr ebenfalls auf der Freianlage. Damit sind bisher 13 Elefanten im Tierpark zur Welt gekommen, von denen zehn aufgewachsen sind, eine wahrhaft gute Bilanz für die Elefantenhaltung in Berlin.

Elefanten in Berlin

Die Abbildungen

| 1 | Asiatischer Elefantenbulle »Boy« mit seinem Tierpfleger im ersten Elefantenhaus des Zoologischen Gartens Berlin

Im geschätzten Alter von neun Jahren traf »Boy« in Berlin ein und war zu diesem Zeitpunkt 2,50 m groß. Geliefert wurde er von der Menagerie Liphard. »Boy« hatte Zeit seines Lebens keine Stoßzähne, was auf seine mögliche Herkunft aus Ceylon hindeutet. Vor seiner Ankunft in Berlin war »Boy« ein Zirkuselefant, der sich auch in Berlin noch gut vorführen ließ.

Er gedieh prächtig und erreichte schließlich die stattliche Größe von 3,30 m. Am 3. Februar 1867 tötete er seinen Wärter Schmidt. 1873 zog »Boy« in die neue Elefantenpagode um. Hier griff er Obertierpfleger Pechler an, ohne dass dieser jedoch ernsthaft verletzt wurde. Nach 22-jähriger Haltung verendete »Boy« am 18. Juli 1879.

| 2 | Dickhäuterhaus (Elefantenpagode)

Als zweites Elefantenhaus wurde 1873 im Zoo Berlin die Elefantenpagode — entworfen von den Architekten Hermann Ende und Wilhelm Böckmann — eröffnet. Die Baukosten beliefen sich auf 300 000 Mark, womit die Elefantenpagode der bisher teuerste Bau im Zoo Berlin war. Die Grundfläche des Hauses betrug 1 160 m², die Außenanlagen hatten eine Fläche von circa 2 000 m². Der Name Elefantenpagode resultierte aus dem orientalischen Gepränge von Fassade und Türmen, aber auch den Innenraum dominierten kunstvoll verzierte Säulen, deren Kapitelle als Elefantenköpfe gestaltet waren. Die umgitterten Außenanlagen wandelte man erst 1930/31 in Freianlagen mit Trockengräben um. Schon 1906 war ein Stallanbau erfolgt. Im November 1943 zerstörte ein Luftangriff die Elefantenpagode. Der nördliche Eckturmstall wurde noch bis Anfang 1947 genutzt, die Ruine 1954 abgetragen.

| 3 | Indische Elefantenbullen »Omar« und »Rostom«

Die beiden Elefantenbullen stammten aus Hindustan, von wo sie der Prince of Wales, der spätere englische König Edward VII., 1876 nach London mitgebracht hatte. Damals waren die kleinen Bullen zwei bis drei Jahre alt. Sie lebten im Londoner Zoo. Hier tötete »Rostom« Ostern 1879 seinen Pfleger Goss. Am 17. April 1881 kamen die beiden Elefanten als Geschenk des Prince of Wales an seinen Neffen »Willy« (den späteren Kaiser Wilhelm II.) anlässlich dessen Hochzeit in den Zoo Berlin. Im Januar 1883 gab es einen weiteren Unfall mit »Rostom«, dem Tierpfleger Krüger zum Opfer fiel. »Rostom« lebte bis 1892. »Omar« wurde 1903 wegen eines nicht heilbaren Fußleidens getötet.

| 4 | Afrikanischer Waldelefant

Zoodirektor Dr. Ludwig Heck, dem späteren Geheimrat und Professor, gelang es 1899 einen Afrikanischen Wald- oder Rundohrelefanten aus Kamerun zu erhalten. Dieser männliche Elefant wurde durch den in Kamerun tätigen Kolonialoffizier Dominik vermittelt. Er ist in Ludwig Hecks »Lebende Bilder aus dem Reich der Tiere« sowie in der 4. Auflage von »Brehms Tierleben« abgebildet. 1900 beschrieb der in Berlin tätige Säugetierkundler Paul Matschie nach dem Berliner Exemplar diese Elefantenform (cyclotis) für die Wissenschaft. Der Waldelefant lebte bis zum 11. Mai 1907 im Zoo Berlin.

| 5 | Afrikanische Steppenelefantenkuh »Mary«

Im Oktober 1888 gelangte die um 1875 im Sudan geborene Steppenelefantin »Mary« in den Zoo Berlin. Sie lebte bis zum 1. Februar 1924 und war mit ihrem erreichten Lebensalter von fast fünf Jahrzehnten einer der ältesten in Zoos lebenden Elefanten überhaupt. Auch über »Mary« berichtete Ludwig Heck ausführlich und überaus anschaulich in den »Lebenden Bildern«. Heck hatte die Elefantenkuh bei Carl Hagenbeck gekauft, unter anderem wegen ihrer guten Gelehrigkeit. »Mary« fuhr auf einem speziell für sie gebauten Dreirad, für das sie jedoch im Laufe der Zeit zu groß wurde. Obwohl Heck das Dreirad verlängern ließ, war es für »Mary« nicht mehr benutzbar. Heck bedauerte dies, »da Radfahren jetzt (1899!) gerade bei der Damenwelt in Mode gekommen sei«.

| 6 | Asiatischer Elefantenbulle »Harry«

Am 8. Juni 1905 traf der zehnjährige Elefantenbulle »Harry« aus dem Zoo Kairo in Berlin ein. Geliefert hatte ihn Carl Hagenbeck zusammen mit der Kuh »Toni I«, die »Harry« noch im Zoo Kairo gedeckt hatte. Die auf Abb. 6 gut zu erkennenden Stoßzähne von »Harry« brach er sich später ab, worauf sich eiternde Geschwüre in den Zahnhöhlen entwickelten.

Abb. 7 – knapp 20 Jahre später aufgenommen – zeigt »Harry« in diesem stoßzahnlosen Zustand schon auf der gitterlosen Freianlage an der Pagode. Der Elefantenbulle lebte bis zum 8. Juli 1934 im Zoo Berlin und war Vater der Kälber »Editha« (Abb. 8) und dem Besuchermagneten aus den zwanziger Jahren »Kalifa« (Abb. 14).

| 7 | Asiatischer Elefantenbulle »Harry«

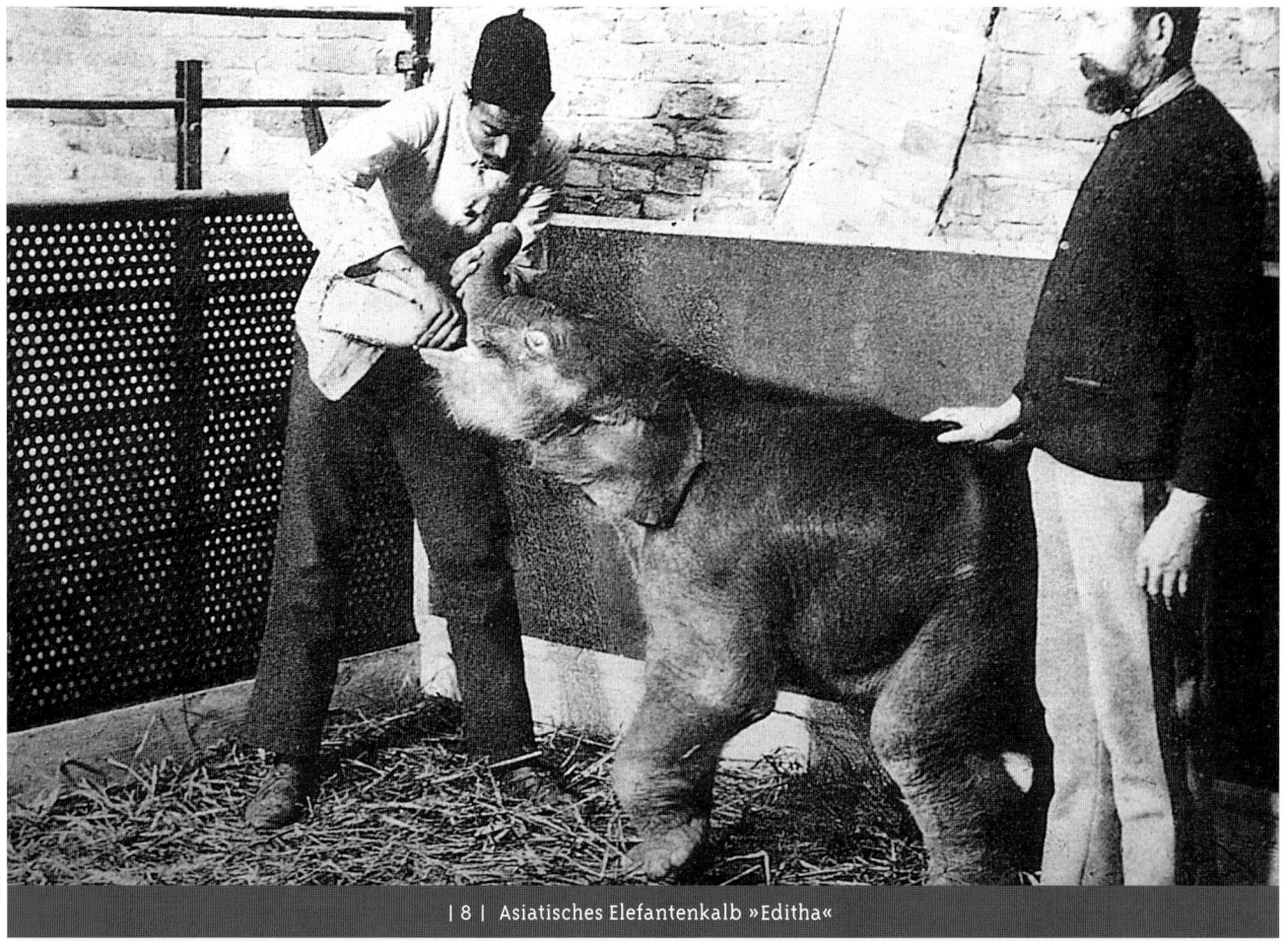

| 8 | Asiatisches Elefantenkalb »Editha«

Am 18. Dezember 1906 gab es zum ersten Mal Elefantennachwuchs im Zoo Berlin, das Kuhkalb »Editha« wurde von »Toni I« zur Welt gebracht. Vater war der Asiatische Elefantenbulle »Harry«. »Toni I« nahm ihr Jungtier jedoch nicht an, so dass die künstliche Aufzucht versucht werden musste. Leider misslang diese, und »Editha« starb am 24. Lebenstag. Zuvor hatte es in Europa bisher nur im Zoo London und im Tiergarten Wien-Schönbrunn Elefantennachwuchs gegeben.

| 9 | Asiatische Elefantenkuh »Toni II«

Am 31. Mai 1925 wurde von Carl Hagenbeck die etwa 22-jährige Elefantenkuh »Toni II« importiert, um dem verwitweten »Harry« zugesellt zu werden. Auf unserer Abbildung ist sie beim Zoospaziergang mit ihren Pflegern zu sehen. Links befinden sich die Ausstellungshallen des Zoologischen Gartens, im Hintergrund ist die Elefantenpagode

zu erkennen. Dazu eine weitere künstlerische Kostbarkeit: Auf dem Blumenbeet steht die so genannte Jason-Gruppe, die sich von 1911 bis 1928 im Berliner Zoo befand, danach ging sie an den Zoologischen Garten Leipzig, wo sie noch heute zu sehen ist. 1928 brachte »Toni II« das Kuhkalb »Kalifa« — Vater war »Harry« — zur Welt (Abb. 16). 1934 starb »Toni II«.

| 10 | Afrikanischer Steppenelefant »Carl«

Am 10. April 1924 kam der etwa dreijährige Afrikanische Steppenelefant »Carl« in den Zoo Berlin. Dort lebte er elf Jahre, ehe er einem Darmvorfall erlag. Auf unseren Abbildungen — aufgenommen etwa um die Mitte der zwanziger Jahre — ist er als Jungtier zu sehen. Später fand sich »Carl« auch noch häufig auf Abbildungen im Zooführer in der Zeit nach dem Zweiten Weltkrieg.

| 11 | Afrikanischer Steppenelefant »Carl« bei der Dressur

Die Dressur von Elefanten ist nicht nur im Zirkus, sondern auch in Zoologischen Gärten üblich. Dabei geht es nicht um das Präsentieren von Kunststücken, sondern einerseits um die Beschäftigung der grauen Riesen und andererseits um Gehorsamsübungen, die im Direktumgang des Menschen mit Elefanten unerlässlich sind. Auch bei der tierärztlichen Versorgung ist unumgänglich, dass der Elefant auf bestimmte Kommandos reagiert und so tierärztliche Eingriffe ermöglicht.

33

| 12 | Afrikanischer Zwergelefant »Mampe«

| 13 | Asiatische Elefantenkuh »Toni II« mit Afrikanischem Zwergelefant »Mampe«

Der Zoo erwarb 1926 von Carl Hagenbeck seinen dritten Afrikanischen Waldelefanten, der nach seinem Sponsor, der bekannten Berliner Likörfirma, den Namen »Mampe« erhielt. Der Elefantenbulle stammte aus dem Kongo. Als geschätztes Geburtsjahr wurde 1917 angegeben. »Mampe« war auffällig kleinwüchsig. So maß er bei seiner Ankunft nur 1,39 m (Schulterhöhe). Bis 1929 wuchs er auf 1,76 m, danach war kein Größenwachstum mehr feststellbar. »Mampe« galt als so genannter Zwergelefant (Loxodonta pumilio), eine Elefantenform, die 1906 vom Zoologen Noack als eigenständige Form wissenschaftlich beschrieben worden war. »Mampe« lebte bis zum 11. November 1933.

| 14 | Afrikanischer Zwergelefant »Mampe« mit Asiatischer Elefantenkuh »Toni II«

Die gemeinsame Haltung und Präsentierung von Asiatischen und Afrikanischen Elefanten waren in Zoologischen Gärten früher üblich, zumal wenn sich erwachsene Elefanten jüngerer Tiere annehmen konnten. Die erwachsenen Elefantenkühe betätigten sich dann als fürsorgliche Ersatzmütter oder »Tanten«, wie hier zwischen »Toni II« und »Mampe« ersichtlich.

| 15 | Afrikanischer Zwergelefant »Mampe«

| 16 | Jungtier »Kalifa« mit Elefantenmutter »Toni II«

Am 20. September 1928 brachte »Toni II« ein Kuhkalb zur Welt, das den Namen »Kalifa« erhielt. Vater war der große Elefantenbulle »Harry«. Das Jungtier entwickelte sich prächtig und zog große Besuchermengen in den Zoo, die zeitweilig von der Polizei dirigiert werden mussten. »Anstehen nach Kalifa« hieß die Parole, die eine Berliner Zeitung ausgab. 1939 zog sich »Kalifa« eine Fußverletzung an den Stacheln der Grabenkante (siehe Abb. 7 und 20) zu, an der sie letztlich starb.

| 17 | Afrikanische Steppenelefantin »Lindi«

Die Afrikanische Steppenelefantenkuh »Lindi« erreichte 1935 den Zoo Berlin. Zu diesem Zeitpunkt war sie etwa 15 Jahre alt und stammte ursprünglich aus Tanganjika. Die Abbildung zeigt »Lindi« mit ihrem Pfleger bei der Dressur (zur Dressur siehe auch die Bildlegende zur Abb. 11). »Lindi« gehörte zu den sieben Elefanten, die beim Bombenangriff vom 22. November 1943 von den herabstürzenden Trümmern der Elefantenpagode erschlagen wurden.

| 18 | Indischer Elefantenbulle »Siam«

| 19 | Indischer Elefantenbulle »Siam«

Vom Zirkus Krone erhielt der Zoo Berlin am 27. Oktober 1933 den circa 13-jährigen Indischen Elefantenbullen »Siam«. Das Tier hatte keine sehr langen, aber gut entwickelte Stoßzähne, die sich im Laufe seines Zoolebens abschliffen. Als einziger Elefant im Zoo Berlin überlebte »Siam« den Bombenangriff von 1943 und auch das Kriegsende.

Abb. 19 zeigt »Siam« nach der Wiedereröffnung des Zoos im Sommer 1945 bei einer Dressurvorführung. Unter den zahlreichen Zuschauern sind auch die im Allgemeinen sehr tierbegeisterten sowjetischen Soldaten gut zu erkennen. Der Indische Elefantenbulle starb im März 1947 an den Folgen einer Darmentzündung.

| 20 | Zwergelefant »Mampe« mit Afrikanischer Elefantin »Lindi«

Gut erkennbar ist auf diesem Foto die Kleinwüchsigkeit von »Mampe«; bemerkenswert sind die inzwischen länger gewordenen Stoßzähne. Auffällig sind auch die Nagelreihen an der Grabenkante, die damals eingesetzt wurden, um den Elefanten das nahe Herantreten an den Trockengraben zu verwehren. Aufgrund der häufigen Unfälle, die es mit solchen Grabensicherungen gab und deren Leidtragende zumeist die Tiere selbst waren, werden solche Absperrungen heute nicht mehr eingesetzt.

| 21 | Asiatische Elefantenkuh »Aida« mit Bullkalb »Orje«

Am 12. April 1935 traf die trächtige zwölfjährige Elefantenkuh »Aida« aus dem Zoo Hannover im Zoo Berlin ein. Sie war in Hannover vom dortigen Elefantenbullen »Omar« gedeckt worden. Am 8. April 1936 brachte »Aida« ein gesundes Bullkalb zur Welt, das den Namen »Orje« erhielt. Seine Bronzeskulptur schmückt noch heute den Eingang des Elefantenhauses. Leider lebte »Orje« nur zwei Jahre. Seine Mutter kam im November 1943 beim schon erwähnten Luftangriff auf das Elefantenhaus um.

| 22 | Asiatische Elefantenkuh »Jenny« mit Kuhkalb »Indra«

Die Firma Ruhe lieferte 1938 die ungefähr 27-jährige Asiatische Elefantenkuh »Jenny«, die im Zoo Hannover vom Bullen »Alfeld« erfolgreich gedeckt worden war, an den Zoo Berlin. Am 27. November 1938 brachte »Jenny« das Kuhkalb »Indra« zur Welt, das sie gut betreute. Mutter und Tochter gehörten ebenfalls zu den sieben Elefanten, die im November 1943 im Bombenhagel umkamen.

| 23 | Indischer Elefant »Wastl«

Am 31. März 1939 übernahm der Zoo Berlin vom Münchner Tierpark Hellabrunn den dort am 8. Mai 1932 geborenen Indischen Elefantenbullen »Wastl«. Der Elefant hatte 1938 in Hellabrunn seinen Pfleger Hans Werner getötet. »Wastl« kam ebenfalls in den Kriegswirren 1943 ums Leben.

| 24 | Indische Elefantenkuh »Shanti«

Der indische Ministerpräsident Pandit Nehru schenkte 1951 den Berliner Kindern die dreijährige Elefantin »Shanti«. Vier Jahre nach »Siams« Tod gab es dadurch wieder einen Elefanten im Zoo Berlin. Da ein neues Elefantenhaus noch nicht gebaut war, wurde »Shanti« vorerst im Zebrahaus untergebracht.

»Shanti« war zeitlebens ein »braver« Elefant, der zum Kinderreiten benutzt wurde und in den ersten Jahren auch frei im Zoo spazieren ging. Auf unserer Abbildung geht »Shanti« mit ihrem Pfleger Albrecht an der Bärenburg spazieren, aufmerksam betrachtet von den beiden Eisbären »Schorsch« und »Resi«.

46

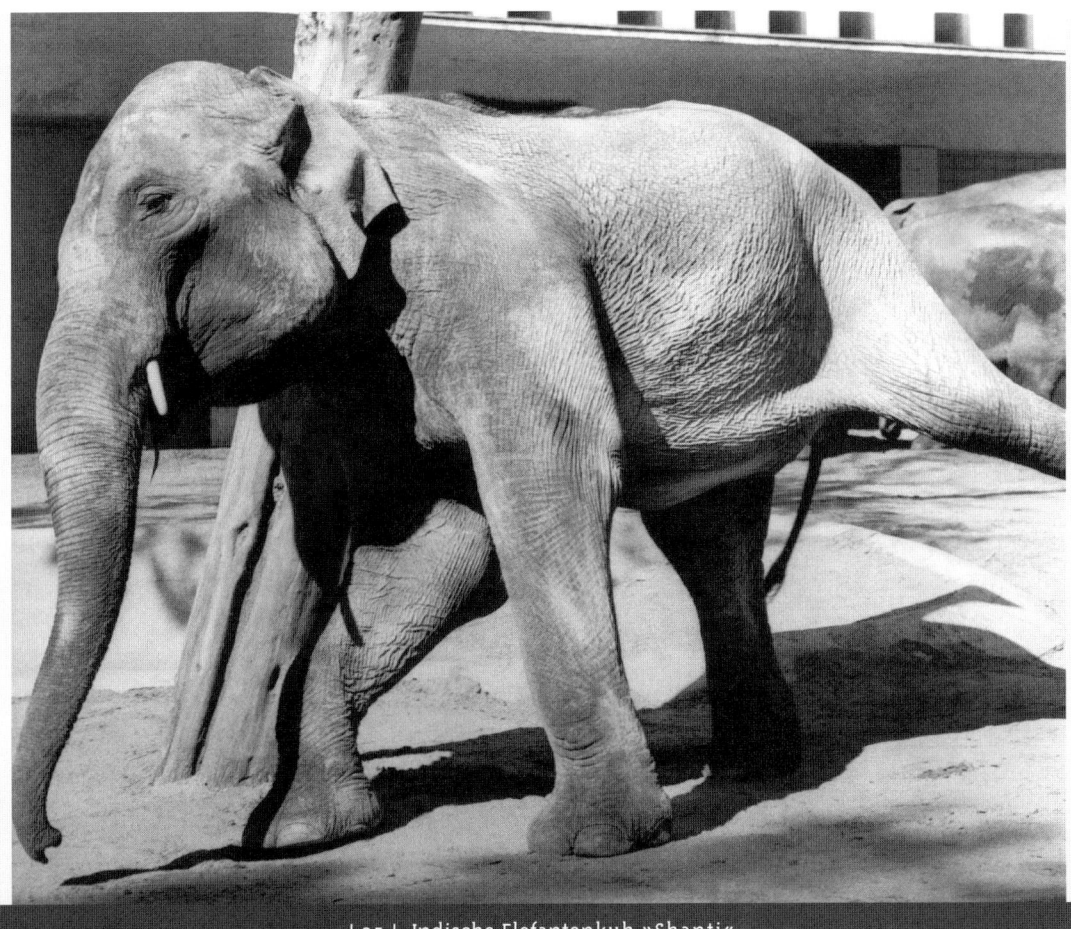

| 25 | Indische Elefantenkuh »Shanti«

Die Abbildung zeigt »Shanti« in ihren letzten Lebensjahren. Im Gegensatz zu der vorherigen Fotografie erscheint sie hier deutlich abgemagert. »Shanti« starb am 29. Juni 1974 an Blutvergiftung. Zudem hatte sie sich bei Auseinandersetzungen mit anderen Elefanten einen Beckenbruch zugezogen. »Shantis« charakteristisches »Markenzeichen« war zeitlebens der kleine sichtbare Stoßzahn.

47

| 26 | Afrikanische Steppenelefanten »Salim« und »Mondula«

Am II. Februar 1955 konnte Zoodirektorin Dr. Katharina Heinroth von der Firma Hagenbeck ein junges zweijähriges Paar Afrikanischer Steppenelefanten erwerben. »Salim« und »Mondula« sind hier mit Elefantenpfleger Albrecht in dem 1955 neu eröffneten Elefantenhaus zu sehen. Besonders auffällig sind die bereits sehr starken Stoßzahnansätze des noch jungen »Salim«.

| 27 | Afrikanischer Elefantenbulle »Salim«

Die ersten Jahre lebte »Salim« mit den anderen Elefanten unauffällig in der Herde. Völlig unerwartet griff er am 5. August 1963 auf der Anlage Elefantenpfleger Günther Lenz an und tötete ihn. Später wurde »Salim« separat auf der Bullenanlage gehalten, mitunter auch vergesellschaftet mit »Mondula«, jedoch kam es zu keinen sichtbaren sexuellen Aktivitäten. Aufgrund zunehmender Aggressivität entschloss sich der Zoo, »Salim« am 28. Juni 1975 einzuschläfern.

| 28 | Afrikanischer Elefantenbulle »Salim«

Hier ist »Salim« schon nach dem Unfall, bei dem Tierpfleger Lenz getötet wurde, auf einer separaten Bullenanlage, die Frau Dr. Katharina Heinroth bei Neubau des Elefantenhauses hatte errichten lassen, zu sehen. Zeitweise wurde »Salim« auf diesem Gehege mit »Mondula« zusammengelassen.

| 29 | Afrikanische Elefantin »Mondula«

Zum Zeitpunkt der Aufnahme war »Mondula« 17 Jahre alt. Charakteristisch für sie ist die starke Schwanzbehaarung. In ihren letzten Lebensjahren hatte »Mondula« erhebliche Kreislaufprobleme und erlag schließlich am 24. September 1974 einem chronischen Lungenemphysem.

| 30 | Indische Elefanten »Mampe« und »Lakshmi«

Am 8. August 1957 trafen aus Indien zwei junge Elefantenkühe im Berlin Zoo ein, die sechsjährige »Rada«, die bald nach der Spenderfirma »Mampe« genannt wurde, und die zweijährige »Lakshmi«. Abb. 30 zeigt die Elefantenkühe im Transportwagen mit dem indischen Betreuer Herrn Kempiah.

Auf dem nebenstehenden Foto (Abb. 31) ist »Mampe« im Jahr 1967 bei der Dressur durch Elefantenpfleger Robert Jung zu sehen (zur Dressur siehe auch die ausführlichen Hinweis in der Bildlegende zu Abb. 11). Robert Jung leitete das Elefantenrevier von 1963 bis 1974.

| 31 | Indische Elefantin »Mampe«

| 32 | Indische Elefanten »Mampe« und »Lakshmi«

Die beiden Elefantenkühe »Lakshmi« (vorn) und »Mampe« im Jahr 1984. Ein Jahr später musste »Mampe« nach mehreren Kreislaufzusammenbrü-chen eingeschläfert werden. »Lakshmi« kam 41-jäh-rig nach einer Fußoperation nicht mehr auf die Beine und wurde 1996 getötet.

| 33 | Die Elefantenherde des Zoos Berlin im Jahr 1959

Stolz präsentieren Tierpfleger die stattliche Elefantenherde des Berliner Zoos im Elefantenhaus. Das zweite Elefantenhaus des Zoos, 1953–55 nach Plänen der Architekten Lemmer & Diesing errichtet und als »Schaufenster« an der Grenze zum Bahnhof Zoo gelegen, wurde bereits 1954 in Betrieb genommen. Von links nach rechts: »Mondula«, »Jambo«, »Salim«, »Shanti«, »Lakshmi«, »Mampe«.

| 34 | Afrikanische Steppenelefantin »Jambo II«

Zoodirektor Dr. Heinz-Georg Klös erwarb 1958 vom südafrikanischen Tierhändler Schulz die achtjährige Steppenelefantin »Jambo«, die aus Südwestafrika stammte. Die sehr schöne Elefantin — hier bei Dressurübungen mit Elefantenpfleger Albrecht — erlag schon zwei Jahre später einem Dünndarmriss, der nach übermäßiger Fütterung durch die Besucher verursacht worden war. Ihr Tod führte zum allgemeinen Fütterungsverbot aller Zootiere durch die Besucher.

| 35 | Asiatische Elefantenkuh »Jenny«

Vom Zirkus Williams übernahm der Zoo Berlin 1959 die knapp 40-jährige Elefantenkuh »Jenny«, die der ceylonesischen Unterart Elephas maximus maximus angehörte. 1965 erlag sie allgemeiner Altersschwäche. Auf der Abbildung ist »Jenny« mit Elefantenpfleger Albrecht beim Training zu sehen, im Hintergrund das im Jahr 1865 errichtete Kleine Raubtierhaus.

| 36 | Afrikanische Waldelefantin »Jambo II«

Als Ersatz für »Jambo I« traf am 22. September 1960 – geliefert von der Firma Ruhe – eine fünfjährige Afrikanische Waldelefantin in Berlin ein. Das Tier stammte aus dem Kongo und erhielt erneut den Namen »Jambo«. Sponsor von »Jambo II« war die Schuhfirma Salamander. »Jambo II« zeigte die für Waldelefanten typische Rundohrigkeit und zeitlebens eine starke Körperbehaarung, vor allem eine schöne Schwanzquaste. 1982 starb »Jambo« an Kreislaufversagen.

| 37 | Afrikanische Elefantenkinder »Bumi« und »Yala«

Der Zoo erwarb 1966 zwei einjährige Afrikanische Steppenelefanten, die beiden Kühe »Bumi« und »Yala«, deren Ankauf durch eine Spende der Firma Möbel-Hübner ermöglicht worden war. Da »Bumi« nur ein Stoßzahn wuchs, wurde sie 1969 wieder abgegeben. »Yala« starb 1973 an einer Enterotoxämie.

| 38 | Junge Afrikanische Elefanten

Reviertierpfleger Robert Jung (1963–1974 für das Elefantenrevier verantwortlich) versucht für die vier Steppenelefantenkinder »Bumi« und »Yala« (außen) und die 1967 eingetroffenen Kühe »Murikati« und »Kutenga« das Brot gerecht zu brechen. Er achtet darauf, dass jedes Tier die ihm zustehende Ration erhält und nicht seinen Anteil dem ranghöheren Artgenossen abgibt.

| 39 | - | 40 | Asiatische Elefantenkuh »Tanja«

Am 8. Januar 1974 traf vom Zirkus Krone die zehn-jährige Asiatische Elefantenkuh »Tanja« im Zoo Berlin ein. Mit 43 Jahren lebt »Tanja« noch heute als älteste Elefantin im Zoo Berlin. Der Zirkus hatte sie seinerzeit als »nicht ganz zuverlässig« abgegeben. Inzwischen ist »Tanja« jedoch eine ruhige und aus-geglichene Elefantin geworden.

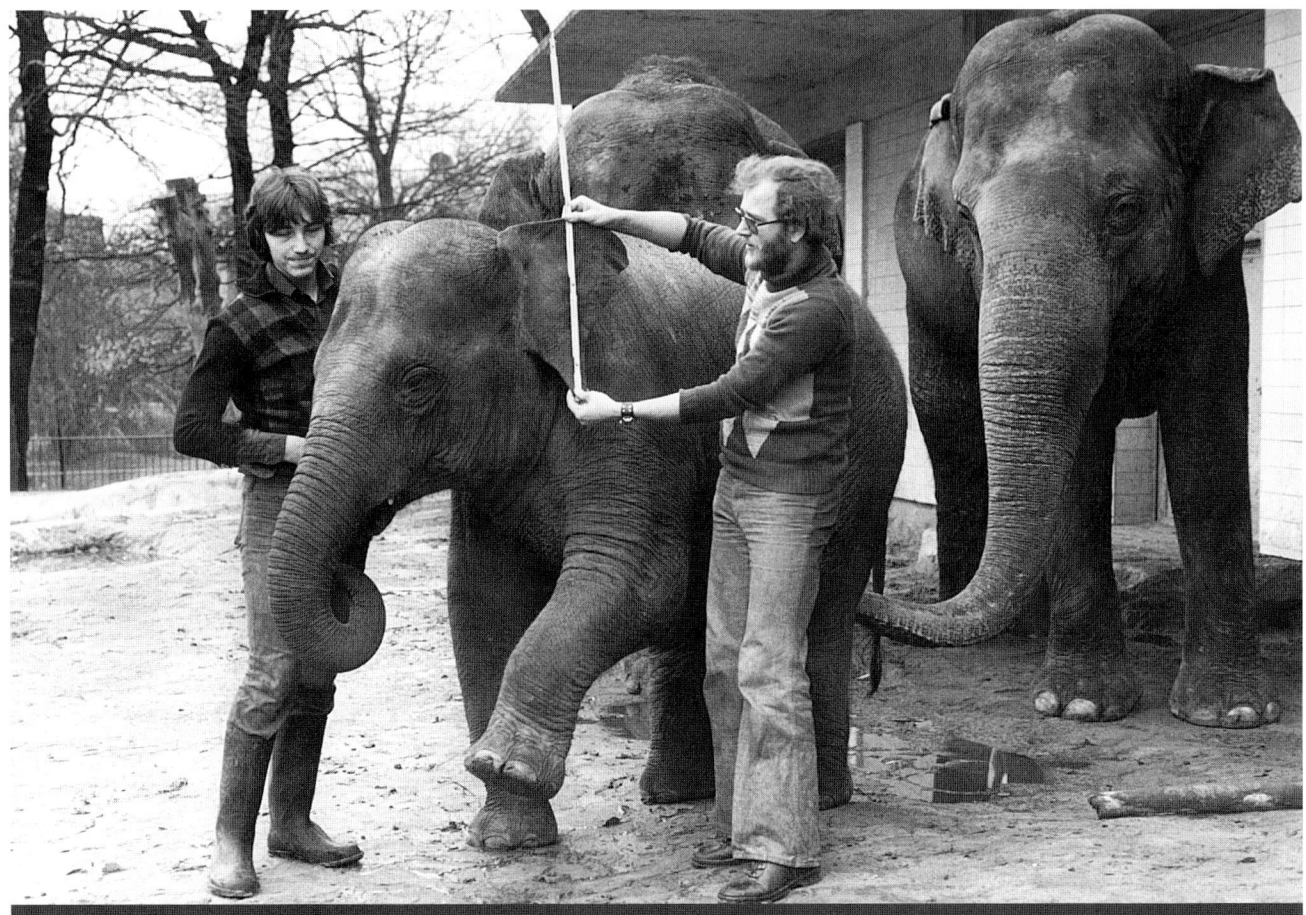

| 41 | Indische Elefantin »Iyoti«

Als Geschenk der indischen Ministerpräsidentin Indira Gandhi traf 1976 die am 19. Januar 1974 in Mysore geborene »Iyoti« im Zoo Berlin ein, die als ausgesprochen »freundliches« Tier noch heute in unserer Herde lebt. 1977 stürzte »Iyoti« in den Graben der Freianlage und brach sich den rechten Oberarm. Die Operation inklusive Nagelung gelang hervorragend. In Ermangelung eigener Elefantenbullen wurde »Iyoti« zweimal auf Hochzeitsreise geschickt, jedoch führte weder der Aufenthalt im Zoo Rotterdam (1985/86) noch der im Zoo Hannover (1996/97) zum Erfolg. Hier misst Wolf-Dietrich Gürtler »Iyotis« Ohr für ein Inventurfoto. Der damalige Biologiestudent ist heute Zoologe im Ruhrzoo Gelsenkirchen.

| 42 | Asiatischer Elefantenbulle »Benjamin«

Vom Zirkus Julius Köllner wurde am 4. Dezember 1986 der 17-jährige Asiatische Elefantenbulle »Boy« erworben. Zeitlebens charkteristisch für ihn waren seine langen Stoßzähne. Gespendet von den Autoren der Kinderhörspielserie »Benjamin Blüm-chen«, wurde er im Interesse der die Hörspielkasset-ten produzierenden Firma in »Benjamin Blümchen« umbenannt. Auf dem Foto posiert »Benjamin« mit Reviertierpfleger Günter Goncz, der von 1974 bis 1988 dem Elefantenhaus vorstand.

| 43 | »Benjamin« (links) und »Iyoti«

Hier schäkert der wunderbare Stoßzahnträger »Benjamin« mit der Indischen Elefantenkuh »Iyoti«. Doch war der Asiatische Elefantenbulle leider zuchtuntauglich. Am 28. Juli 1996 erlag er allgemeiner Organschwäche. Dämpfe von Lösungsmitteln, die beim Farbanstrich im Elefantenhaus verwendet wurden, hatten möglicherweise die Organschäden ausgelöst.

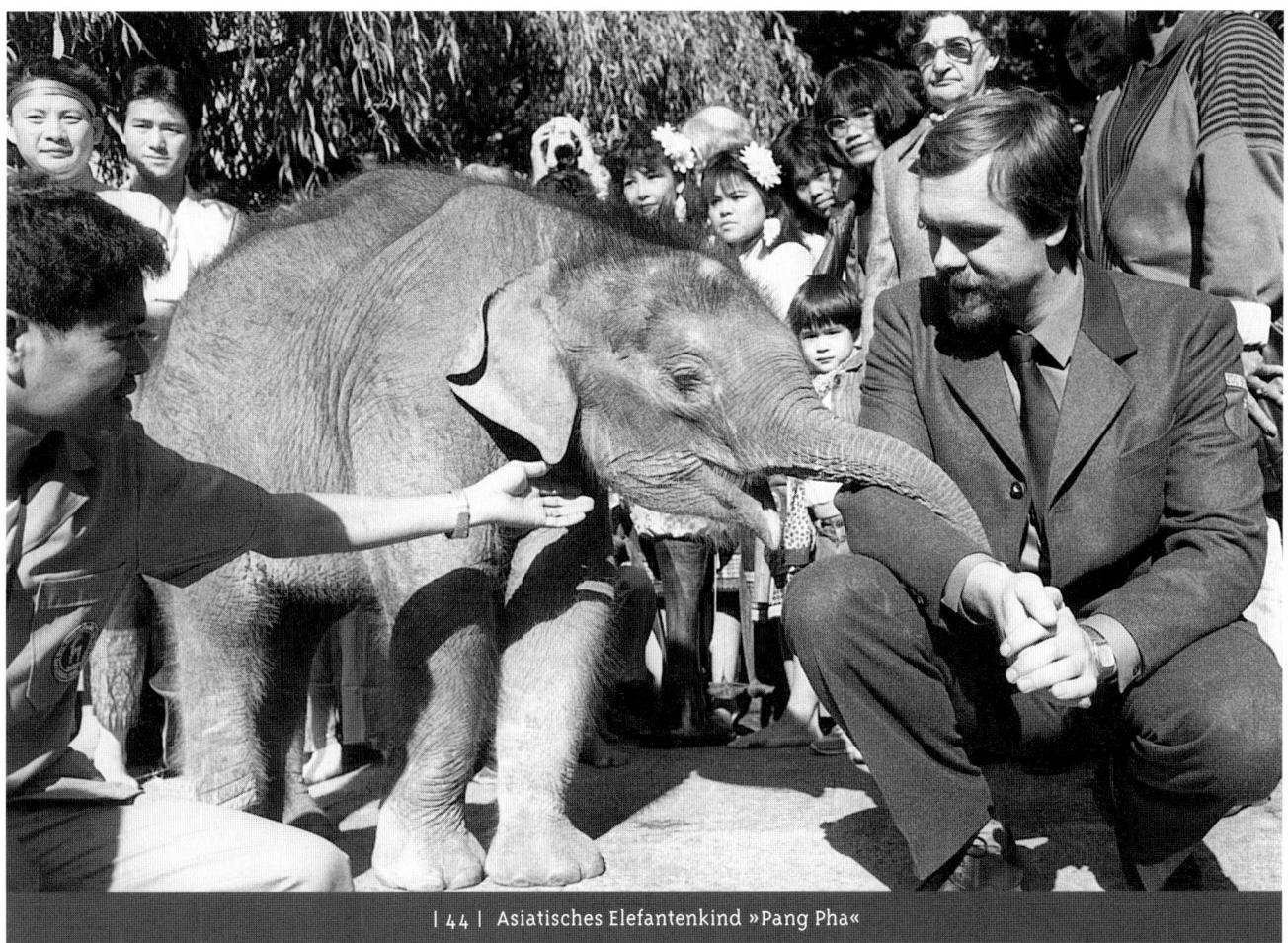

| 44 | Asiatisches Elefantenkind »Pang Pha«

Aus Anlass der 750-Jahrfeier Berlins erhielt der Zoo Berlin als Staatsgeschenk Thailands das sechs Monate alte Elefantenkind »Pang Pha«, das auf der Abbildung mit Rüdiger Pankow, Revierchef im Elefantenhaus seit 1989, zu sehen ist. 2000 und 2005 wurde »Pang Pha« Mutter.

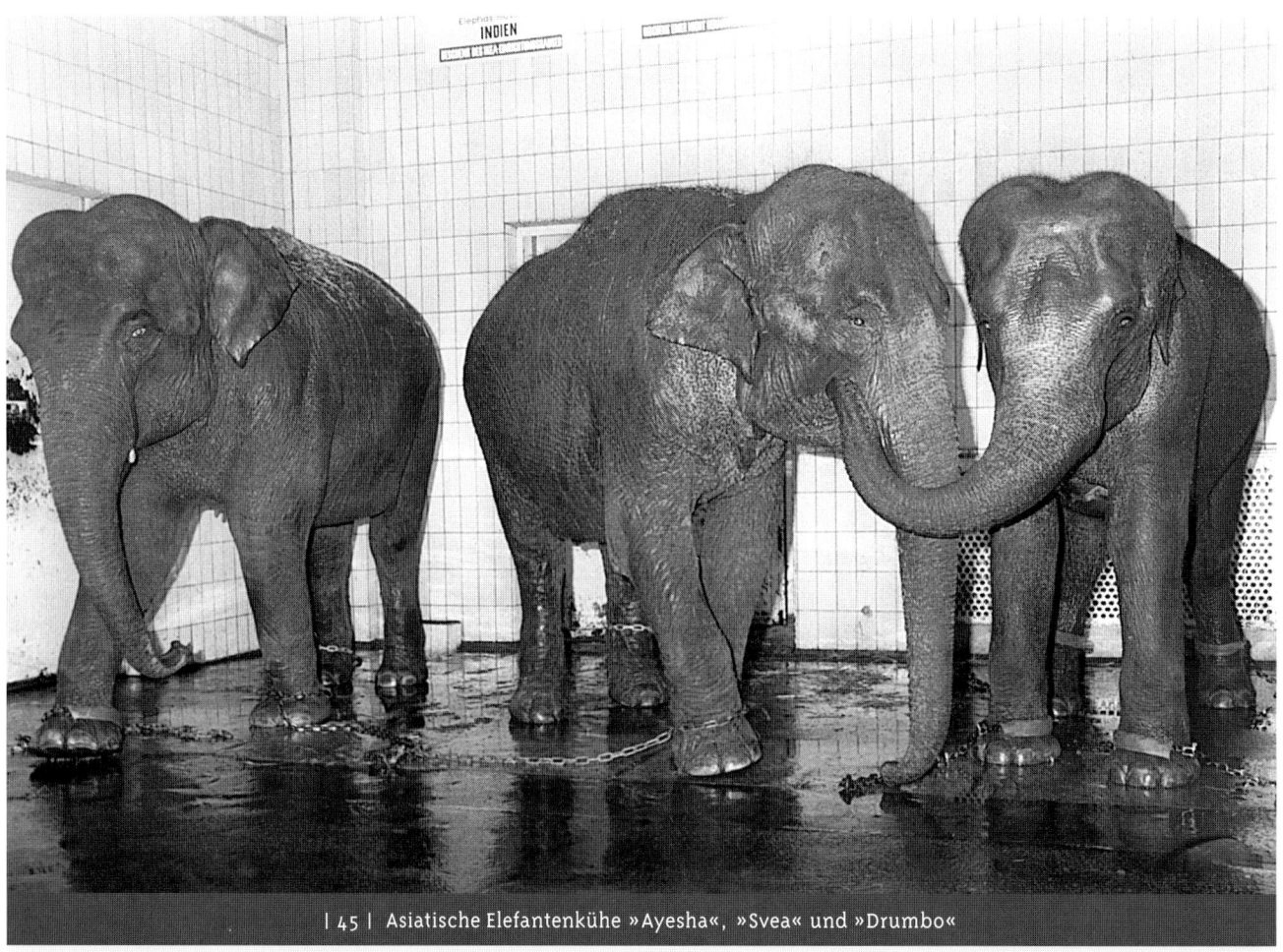

| 45 | Asiatische Elefantenkühe »Ayesha«, »Svea« und »Drumbo«

Aus den aufgelösten Zoos von Turin und Verona trafen 1987 die drei erwachsenen Elefantenkühe »Svea«, »Ayesha« und »Drumbo« in Berlin ein. »Drumbo« lebt noch heute im Zoo Berlin. Die beiden anderen Kühe wurden 2003 an den Safaripark Madrid abgegeben.

| 46 | Asiatischer Elefantenbulle »Kiba«

Nach dem völlig überraschenden Tod von »Benjamin« wurde 1997 der zehnjährige Asiatische Elefantenbulle »Kiba«, geboren im Zoo Houston/ Texas, erworben. Er deckte »Pang Pha« erfolgreich, starb aber schon am 21. August 1998 durch einen Herpesvirus.

| 47 | Asiatisches Elefantenkind »Plai Kiri«

Am 5. April 2000 wurde zum ersten Mal seit 1938 wieder ein Elefant im Zoo Berlin geboren. »Pang Pha« brachte, gezeugt von »Kiba«, das Bullkalb »Plai Kiri« — hier mit Revierchef Rüdiger Pankow — zur Welt, nahm dies jedoch nicht an und zeigte sich ausgesprochen aggressiv. Die künstliche Aufzucht durch die Elefantenpfleger war erfolgreich, um so überraschender war der Tod von »Plai Kiri« am 28. Dezember 2000. Das kleine Bullkalb erlag innerhalb weniger Stunden einer Herpesvirusinfektion.

| 48 | Asiatischer Elefantenbulle »Victor«

Am 22. September 2000 konnte der siebenjährige Asiatische Elefantenbulle »Victor« aus der Zucht des israelischen Zoos Ramat Gan übernommen werden. »Victor« wurde Vater von »Shaina Pali«. Im Laufe der Jahre hat sich »Victor« zu einem prächtigen Elefantenbullen entwickelt. Seine schlanken Stoßzähne haben inzwischen eine beachtliche Länge erreicht. »Victor« wird nicht gemeinsam mit den Kühen gehalten, sondern sie werden ihm einzeln zugeführt.

| 49 | Asiatisches Elefantenkind »Shaina Pali«

Am 14. Juni 2005 brachte »Pang Pha« ihr zweites Kalb zur Welt. Vater war der Asiatische Elefantenbulle »Victor«. Das Kuhkalb »Shaina Pali« entwickelte sich hervorragend und wiegt heute bereits über eine Tonne. Schon bei der Geburt hatte »Shaina Pali« 145 kg auf die Waage gebracht, was für ein weibliches Neugeborenes im oberen Bereich liegt. Mutter »Pang Pha« ist inzwischen wieder von »Victor« gedeckt worden, alle Anzeichen sprechen für eine erneute Trächtigkeit.

| 50 | Afrikanischer Elefant »Hannibal« und Asiatische Elefantenkühe »Dombo« und »Bambi«

Am 1. Juli 1955 öffnete der Tierpark Berlin seine Pforten für das Publikum. Tierparkdirektor Dr. Heinrich Dathe — in späteren Jahren als Professor Dathe eine stadtbekannte und beliebte Persönlichkeit Berlins — konnte dabei seinen Besuchern bereits zwei Elefantenkühe präsentieren. Die Asiatische Elefantin »Dombo« war 1951 in Assam zur Welt gekommen und gelangte über die Firma Hagenbeck nach Friedrichsfelde. Die ein Jahr jüngere »Bambi« stammte aus Mysore und wurde von der Tierhandelsfirma Ruhe geliefert. Kurz darauf komplettierte der Afrikanische Elefantenbulle »Hannibal« das Trio. Als Zweijähriger war er 1955 von Georg von Opel mit einer Gruppe von Afrikanischen Jungelefanten nach Kronberg importiert worden. Da im Tierpark noch kein eigenes Elefantenhaus existierte, bezog das Trio den ehemaligen Kuhstall der Familie von Treskow, denen bis zum Kriegsende 1945 Schloss und Park Friedrichsfelde gehört hatten. Im Januar 1960 erlag »Hannibal« einer Enteritis.

71

| 51 | Asiatische Elefantenkuh »Kosko«

Der Tierpark Berlin organisierte 1958 einen großen Tiertransport aus Vietnam, der von Tierinspektor Wolfgang Fischer begleitet wurde. Unter anderem gelangten damals die ersten Vietnamesischen Hängebauchschweine nach Europa. Als besonderes Mitbringsel war die erst zweijährige Elefantendame »Kosko« dabei, ein Geschenk des vietnamesischen Staatspräsidenten Ho-Chi-Minh an den Tierpark Berlin. »Kosko« wurde schnell der Liebling der Berliner, vor allem der Kinder.

| 52 | Asiatische Elefantenkuh »Kosko«

| 53 | »Kosko« beim Wiegen

Hinter dem auf der Waage stehenden Kosko ist Tierinspektor Wolfgang Fischer (mit Brille) zu sehen. »Kosko« erreichte ein Alter von 38 Jahren. Sie starb am 19. Juli 1994 an Kreislaufversagen während einer Narkose. Notwendig wurde diese Operation, da »Kosko« bei einer Beißattacke durch Artgenossen verletzt worden war und ein Teil des Schwanzes amputiert werden musste.

»Dombo«, »Bambi« und »Kosko«

| 54 | Asiatische Elefanten »Dombo«, »Bambi« und »Kosko«

Solange die Elefanten noch jung waren, wurden sie auch in der Besuchszeit durch den Tierpark geführt. In der Nähe des Schlosses Friedrichsfelde hatte man für sie ein Sommergehege eingerichtet. Und auch das für die Haut der Elefanten so notwendige Bad konnte ihnen gegönnt werden: die drei Indischen Elefantenkühe genossen quasi »Gastrecht« im Wassergraben der Wisentanlage, in dem sie ausgiebig badeten und planschten. Wie sehr sie sich auf dieses Bad freuten, ersieht der Betrachter an ihrem beachtlichen Galopp, mit dem sie der Badestelle zustreben.

| 55 | Asiatische Elefanten »Dombo«, »Bambi« und »Kosko«

Das tägliche Bad dient den Elefanten an warmen Tagen nicht nur zur Erfrischung, sondern auch zur Reinigung. Je nach Temperament und Größe der Tiere kann es dabei schon recht turbulent zugehen.

In der freien Natur nutzt die gesamte Herde gemeinsam solch ein Bad. In der Regel bleiben auch bei der Körperhygiene die Tiere nah beisammen. Kleine, alte und schwache Tiere werden von allen beschützt.

| 56 | Asiatischer Elefantenbulle »Jony«

Im Oktober 1960 erwarb der Tierpark Berlin den dreijährigen Elefanten »Jony« vom indischen Tierhändler George Munro. Allerdings blieb der kleine Elefantenbulle nur anderthalb Jahre im Tierpark Berlin-Friedrichsfelde, denn schon im Mai 1962 wurde er im Tausch an den Zoo Rostock abgegeben.

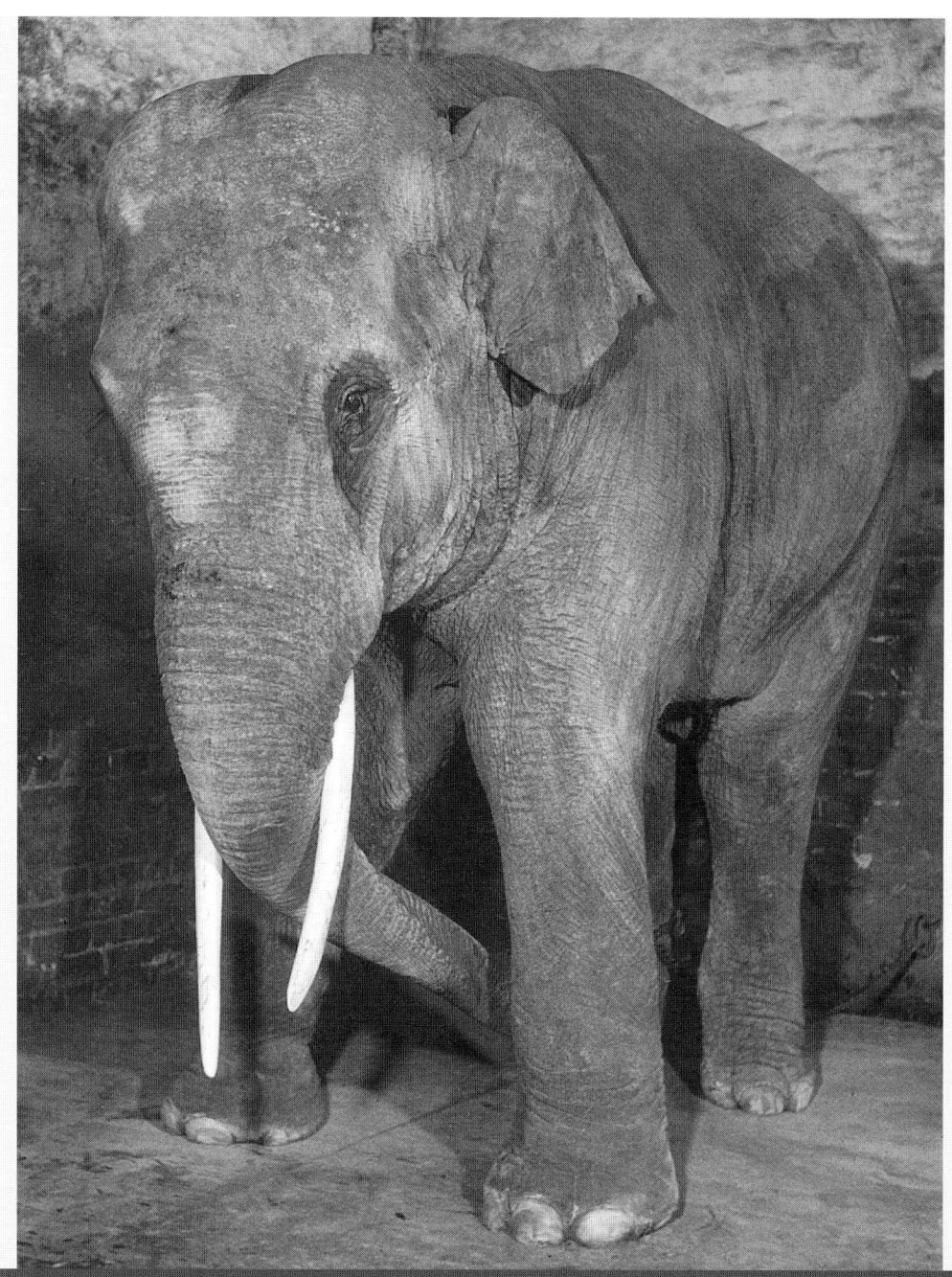

| 57 | Asiatischer Elefantenbulle »Radjah«

»Dashi«, »Dombo«, »Bambi« und »Kosko«

| 58 | Afrikanische Elefantenkuh »Dashi« und Asiatische Elefantenkühe »Dombo«, »Bambi« und »Kosko«

Vom ostdeutschen Zentralzirkus erhielt der Berliner Tierpark 1961 den Asiatischen Elefantenbullen »Radjah« (Abb. 57). Das zehnjährige Tier kam ursprünglich vom Zirkus Frankello. »Radjah« hatte äußerst lange, steil nach unten gerichtete Stoßzähne. Er erwies sich im Umgang als nicht zuverlässig und griff mehrfach Tierpfleger an. 1962 entschloss sich der Tierpark, den immer gefährlicher werdenden Elefantenbullen einzuschläfern.

Über die Firma Ruhe aus Ostafrika war 1969 eine einjährige Afrikanische Elefantin in den Tierpark gekommen. Die kleine Afrikanerin erhielt den Namen »Dashi« (Abb. 58). Sie lebt noch heute in der Elefantenherde des Tierparks. Die Aufnahme zeigt »Dashi« mit den drei Asiatinnen »Dombo«, »Bambi« und »Kosko« im Jahr 1975. Im Hintergrund ist der damalige Elefantenstall zu sehen sowie die Metallumzäunung des Außengeheges.

| 59 | Asiatische Elefantenkuh »Bambi« und Afrikanische Elefantenkuh »Dashi«

Die Aufnahme stammt von 1976 und zeigt »Bambi« in ihrem letzten Lebensjahr. 1977 musste sie aufgrund eines unheilbaren Fußleidens eingeschläfert werden. Trotz großer Sorgfalt, die die Tierpfleger bei der Pflege der Fußnägel und Sohlen von Elefanten aufwenden, kann es dennoch immer wieder zu Verletzungen an den Füßen kommen. Chronische Entzündungen und Eiterungsprozesse im Sohlenbereich sind leider für Veterinärmediziner schwer zu behandeln und nicht immer heilbar.

| 60 | Elefantengruppe im Tierpark

Auf der Aufnahme von 1979 sind »Dashi«, »Kosko« und »Dombo« zu erkennen, ganz rechts die kleine »Louise«, die im September 1977 als Ersatz für »Bambi« in den Tierpark gekommen war. »Louise«, circa vier Jahre alt, stammte aus Vorderindien und wurde einmal mehr von der bekannten Alfelder Tierhandelsfirma Ruhe geliefert. Noch immer gab es im Tierpark kein Elefantenhaus, denn der von Prof. Dathe bereits seit Jahren geforderte Bau wurde staatlicherseits immer wieder verschoben.

| 61 | Asiatische Elefantenkühe »Frosja« und »Astra«

Endlich, 1986, begann der Bau des Elefanten-hauses. Im Vorgriff wurden neue Elefanten ange-schafft. 1988 kamen die gut achtjährigen Elfanten-kühe »Frosja« und »Astra« aus dem Zoo Moskau nach Friedrichsfelde. Ursprünglich stammten die beiden Elefantendamen, die noch heute in unserer Elefan-tenherde leben, aus Vietnam. Anfänglich wurden sie auf dem Wirtschaftshof des Tierparks untergebracht.

| 62 | Afrikanische Jungelefanten »Tembo«, »Sabah«, »Bibi« und »Umtali«

Ebenfalls für das im Bau befindliche Elefantenhaus trafen 1987 aus Simbabwe mehrere zweijährige Afrikanische Steppenelefanten ein: der Bulle »Tembo« und die Kühe »Sabah«, »Bibi« und »Umtali«. Vermittelt wurden sie von Werner Bode. Auch sie lebten vorerst in einer Fertighalle auf dem Wirtschaftshof des Tierparks. Am 29. September 1989 konnte Prof. Dathe das neue Elefantenhaus endlich eröffnen. Zuvor bezogen die Tierparkelefanten ihr neues Heim. Im April 1990 verendete die 40-jährige Indische Elefantenkuh »Dombo« nach einem Sturz in den Graben ihrer Innenanlage.

| 63 | Asiatischer Elefantenbulle »Ankhor«

Im Juni 1989 lieferte der holländische Tierhändler van den Brink den aus Burma stammenden circa sechsjährigen Asiatischen Elefantenbullen »Ankhor« an den Tierpark. Auf der Aufnahme von 1993 sind gut »Ankhors« Stoßzähne zu erkennen, die er sich zwar mehrfach abgebrochen hat, die aber immer wieder gleichmäßig auswuchsen. »Ankhor« entwickelte sich im Laufe der Jahre gut und wuchs zu einem mittelgroßen Elefantenbullen heran. Im Wesen ist er bis heute ein ruhiger Elefant, der gegenüber den Kühen wie auch seinen Kälbern (bisher zeugte er sechs Elefantenkinder) kaum Aggressionen zeigt. Seit er regelmäßig in die Musth kommt, ist der direkte Kontakt der Pfleger zum Elefanten eingestellt worden. Musth ist ein hormoneller Erregungszustand, bei dem auch die Schläfendrüsen Sekret absondern. Dieser Zustand kommt vor allem bei Elefantenbullen, in erster Linie bei der Asiatischen Art vor. In dieser Zeit sind die Elefanten aggressiv und unberechenbar.

| 64 | Afrikanische Elefantenkuh »Dashi«

D ie Abbildung von 1994 zeigt die Afrikanerkuh »Dashi« im Alter von 25 Jahren. Zu dem Zeitpunkt war »Dashi« die Matriarchin der Friedrichsfelder Afrikanerherde. Später wurde sie von Lilak (Abb. 66) entthront, dominierte aber noch mehrere Jahre den Bullen »Tembo« (Abb. 65). Erst in den letzten Jahren hat dieser »Dashi« auf einen niedrigen Rang in der Hierarchie der Herde verwiesen.

| 65 | Afrikanischer Elefantenbulle »Tembo«

Auf der Fotografie von 1996 ist »Tembo« elf Jahre alt und schon regelmäßig sexuell aktiv. Das erste von ihm gezeugte Kalb wurde 1999 geboren, inzwischen sind ihm fünf weitere gefolgt. Rechts im Bild ist Reviertierpfleger Ingolf Kastirke zu sehen, seit 1991 Chef der Friedrichsfelder Elefanten. Lange Jahre war »Tembo« fügsam und konnte im direkten Kontakt zum Tierpfleger gehalten werden. Seit drei Jahren wird dies nicht mehr gemacht, obwohl auch »Tembo« bis heute wenig Aggressionen zeigt. Er kann ganztägig mit seinen Kühen und Kälbern zusammen gehalten werden.

| 66 | Afrikanische Elefantenkuh »Lilak«

Am 17. April 1996 wurde die letzte Afrikanische Elefantenkuh des Zoologischen Gartens Berlin, die etwa 25-jährige »Lilak«, im Tierpark Berlin eingestellt. Wie auf der Aufnahme vom August 1996 zu sehen ist, hatte »Lilak« damals noch schöne gerade Stoßzähne. Diese Zähne, gepaart mit »Lilaks« ausgeprägtem Selbstbewusstsein, führten dazu, dass sie binnen weniger Minuten die bisherige Leitkuh »Dashi« entthronte. Seitdem ist »Lilak« die Leitkuh in der Herde der Afrikanischen Elefanten im Tierpark Berlin. Auch das Abbrechen beider Stoßzähne hat daran nichts geändert!

| 67 | Afrikanische Elefantenkühe »Mafuta« und »Pori«

Am 18. Juli 1997 wurden zwei 16-jährige Afrikanische Steppenelefantenkühe aus dem Zoo Magdeburg in Friedrichsfelde eingestellt. »Mafuta« und »Pori« lebten nach Zwischenstationen im Ruhr-Zoo Gelsenkirchen und im Zoo Leipzig mehrere Jahre im Magdeburger Zoo. Da die dortige Elefantenanlage für fünf erwachsene Elefanten zu klein ist, entschloss sich Zoodirektor Dipl.-Biol. Wolfgang Puschmann zur Abgabe der beiden Tiere. »Mafuta« ist ein ausgesprochen schöner Elefant mit geraden Stoßzähnen, wohingegen »Pori« mit einem Knickohr und nur einem Stoßzahnstummel ausgestattet ist. »Mafuta« wurde Ende 2006 an den Zoo Halle weitergegeben, da sie im direkten Umgang mit den Pflegern zunehmend Schwierigkeiten bereitete. Am 7. Oktober 2006 stieß sie Reviertierpfleger Ingolf Kastirke in den Absperrgraben, der sich bei diesem Sturz Rippenbrüche zuzog.

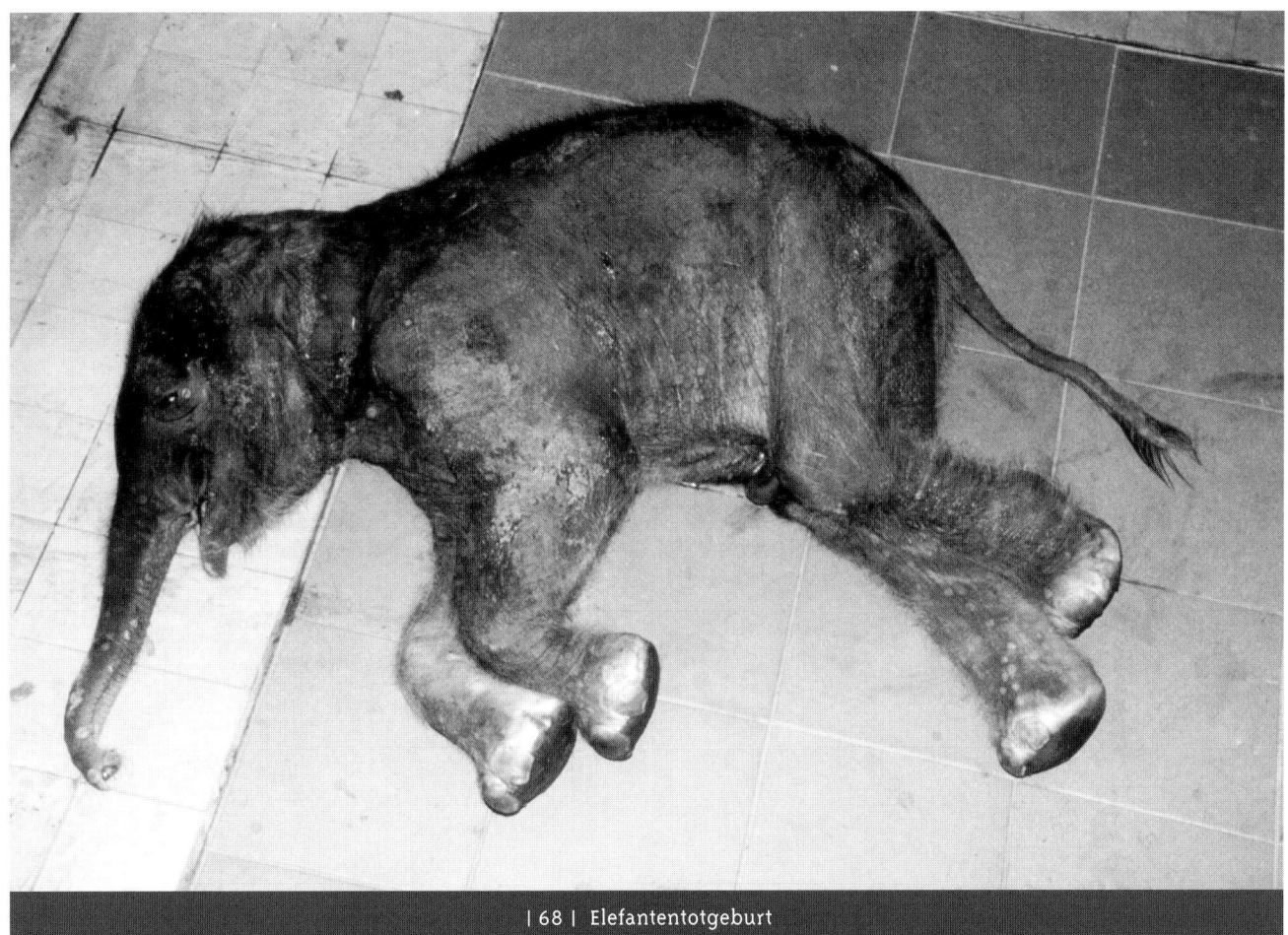

| 68 | Elefantentotgeburt

Im Laufe der Jahre 1995 und 1996 hatte sich »Ankhor« intensiv um seine Elefantenkühe gekümmert, und so gab es 1998 nach 60 Jahren zum ersten Mal wieder Elefantennachwuchs in Berlin. Im September 1990 war die siebenjährige »Kewa« (Abb. 76) nach Berlin gelangt. Am 17. Januar 1998 brachte »Kewa« ein voll ausgetragenes, aber totes Bullkalb zur Welt, dessen Haut mit Pusteln übersät war. Bei der pathologischen Untersuchung stellte sich heraus, dass es sich um eine Pockeninfektion gehandelt hatte. Ob-

wohl die Muttertiere gegen Elefantenpocken geimpft waren, reichte der Schutz für den Fötus nicht aus. War diese Geburt rasch und komplikationslos vonstatten gegangen, musste der 25-jährigen »Louise« am 31. Juli 1998 ein totes weibliches Kalb per Dammschnitt entbunden werden. Zuvor hatte »Louise« mehrere Tage Wehen gezeigt, konnte das Kalb jedoch nicht austreiben. Der verzögerte Geburtsverlauf war die Ursache für die Totgeburt. Mit 25 Jahren war »Louise« für eine erstgebärende Elefantenkuh bereits recht alt.

| 69 | Afrikanisches Elefantenkind »Matibi«

Ein Jahr später verlief die Geburt für den Tierpark glücklicher: Die 14-jährige Afrikanische Elefantenkuh »Bibi« brachte am 15. Januar 1999, gezeugt von »Tembo«, ein gesundes und kräftiges Kuhkalb zur Welt. Die Geburt erfolgte um 7.15 Uhr morgens, und der gut entwickelte Elefant war 88 cm groß. Der kleine Elefant erhielt den Namen »Matibi«. Drei Stunden nach der Geburt war das erlösende Schmatzen zu hören, das den Erfolg beim Trinken an der Zitze der Mutterkuh belegte.

| 70 | Afrikanische Elefantenkuh »Bibi« mit Kalb »Matibi«

Zum Zeitpunkt der Aufnahme ist »Matibi« dreieinhalb Wochen alt. Schon recht bald konnte das Jungtier in die Elefantenherde des Tierparks inte-

griert werden. Seit dem 14. August 2006 lebt die Afrikanische Elefantenkuh »Matibi« im Zoologischen Garten Osnabrück.

| 71 | Afrikanisches Elefantenkind »Tutume«

Am 9. April 1999 wurde in den frühen Morgenstunden (5.25 Uhr) ein weiterer Afrikanischer Elefant in Friedrichsfelde geboren, der zusammen mit »Matibi« bald zum Publikumsliebling avancierte. »Sabah« brachte das sehr kleine Bullkalb (79 cm), ebenfalls von »Tembo« gezeugt, zur Welt. Der kleine Elefant mit dem Namen »Tutume« wurde im Alter von vier Jahren am 28. April 2003 im Zoo Osnabrück eingestellt, wo er sich inzwischen zu einem stattlichen Elefantenbullen entwickelt hat.

| 72 | Afrikanische Elefantenkuh »Sabah« mit Elefantenkalb »Tutume«

Anfänglich hatte »Tutume« große Schwierigkeiten, an die mütterlichen Zitzen heranzukommen, obwohl auch »Sabah« kein großer Elefant ist. Die Pfleger schoben deswegen eine Obstkiste beziehungsweise Palette unter den kleinen Elefanten, so dass er an die Milchquelle heranlangte. Einmal mehr bewährte sich hier der direkte und gute Kontakt unserer Elefantenpfleger zu den Tieren. Die Abbildung zeigt »Tutume« am vierten Lebenstag auf der Obstkiste stehend.

| 73 | Afrikanische Elefanten »Pori« und »Tembo«

Schon recht bald interessierte sich der Afrikanische Elefantenbulle »Tembo« für die Magdeburger Elefantendamen, wie man hier bei dem versuchten Deckakt mit »Pori« sieht. Auch »Mafuta« wurde mehrfach gedeckt, es kam aber nie zur Trächtigkeit.

94

| 74 | Afrikanische Elefanten »Tutume« und »Sabah«

Im Alter von 20 Tagen unternahm »Tutume« mit Mutter »Sabah« einen ersten Ausgang in das Elefantengehege. Im Gegensatz zu »Matibi« konnte er nicht in die große Herde integriert werden, da ihn Leitkuh »Lilak« ablehnte. »Matibi« hingegen und auch die späteren Elefantenkinder wurden stets von »Lilak« als »Tante« fürsorglich und problemlos betreut.

| 75 | Afrikanische Elefanten »Tutume« und »Matibi«

Auf dieser Fotografie vom 20. Juli 2000 sind die beiden ersten Elefantenkälber des Tierparks bereits über ein Jahr alt. Schon in diesem Alter beherrschten sie die ersten Kommandos der Dressur, was im direkten Umgang mit Elefanten äußerst wichtig ist.

| 76 | Asiatische Elefantenkuh »Kewa«

N ach der Totgeburt 1998 war »Kewa« relativ schnell wieder mit »Ankhor« zusammengekommen, der sie wiederum deckte. Das bestätigten auch die Hormonuntersuchungen zur Trächtigkeitsprognose. Die Aufnahme vom 3. April 2001 zeigt »Kewa« im hochtragenden Zustand.

| 77 | Afrikanisches Elefantenkalb »Tana«

Am 9. Mai 2001 gab es zum dritten Mal Nachwuchs bei den Afrikanischen Elefanten im Tierpark Berlin. Die Magdeburger Elefantenkuh »Pori« gebar am Morgen auf der Freianlage ein Kuhkalb. Das kräftige Jungtier wurde von den Pflegern geborgen und in den Stall gebracht. Nachdem sie mit einem Beruhigungsmittel besänftigt worden war, nahm »Pori« problemlos ihr Jungtier »Tana« — den Namen erhielt sie nach einem Fluss in Kenia — an. Die Zusammengewöhnung von Mutter und Kind mit der Elefantenherde verlief rasch und reibungslos. »Tana« lebt noch heute in Friedrichsfelde.

| 78 | Asiatisches Elefantenkind »Temi«

Der zweiten Geburt der Asiatischen Elefantin »Kewa« hatten wir entsprechend entgegengefiebert. Umso erfreuter waren wir, dass am 2. November 2001 ein gut entwickeltes und zwei Zentner schweres Kuhkalb zur Welt kam. Das Elefantenmädchen wurde »Temi« genannt. Auf der Abbildung ist sehr gut die starke Behaarung des Kalbes zu erkennen. »Temi« kam schon bald mit den anderen erwachsenen Elefanten zusammen und hat sich später bei der Betreuung ihrer Geschwister beziehungsweise Halbgeschwister als fürsorgliche ältere Schwester bzw. »Tante« gezeigt. Am 27. Oktober 2006 wurde »Temi« an den Münchner Tierpark Hellabrunn abgegeben.

| 79 | Asiatische Elefanten »Kewa« und «Temi«

D ie milde Witterung Anfang 2002 gestatte »Kewa« und »Temi« bereits am 1. Februar einen Gang auf das Freigehege, auf dem der Kontakt mit Sand, Schlamm und anderem natürlichen Bodengrund für Elefanten möglich ist. Das ist für die Körperpflege

besonders wichtig, da Elefanten ausgedehnte Sandbäder nehmen und auch ihren Rücken mit Sand bewerfen. Solange während der Winterzeit die Jungtiere noch nicht ins Freie können, erhalten sie als Ersatz Sägemehl, das ebenso gern angenommen wird.

| 80 | Afrikanische Elefanten »Tana«, »Matibi« und«Tutume«

Die drei Afrikanischen Jungelefanten »Tana«, »Matibi« und »Tutume« sind hier auf einem Bild vom April 2003 vereint. Gemeinsame Fototermine mit den kleinen Elefanten waren bei der Presse sehr beliebt. Und auch ihre Anziehungskraft auf die Tierparkbesucher blieb ungebrochen.

| 81 | Sumatraelefanten »Nowa« und »Cynthia«

Am 4. März 2003 kamen aus dem Zoologischen Garten Halle zwei weibliche Sumatraelefanten in den Tierpark Berlin, die beiden Kühe »Nowa« und »Cynthia«. Geboren wurden sie 1993 bzw. 1995 im Zoo- und Safaripark Bogor auf Java. Das Bundesamt für Naturschutz hatte dem Zoo Halle die Einfuhrerlaubnis erteilt unter der Voraussetzung, dass die herangewachsenen Elefanten später nach Berlin gehen sollten. Schon bald interessierte sich »Ankhor« für die beiden neuen Elefantendamen, was dann zwei Jahre später auch zu weiterem Elefantennachwuchs führen sollte.

| 82 | Elefantenkinder »Horas« und »Cinta«

In den frühen Morgenstunden des 14. Februar 2005 brachte »Nowa« das Bullkalb »Horas« nach einer Tragzeit von 19 ½ Monaten zur Welt. Während der Geburt dabei war auch »Cynthia«, die so schon Erfahrungen sammeln konnte für ihre eigene Geburt, die am 3. April 2005 erfolgte. Ihre Tragzeit hatte 21 Monate gedauert, entbunden wurde sie von einem Mädchen, das den Namen »Cinta« erhielt. Die beiden Elefantenmütter und ihre Kinder waren für die Besucher — wie fünf Jahre zuvor »Matibi« und »Tutume« — wieder ein großer Anziehungspunkt im Friedrichsfelder Elefantenhaus.

| 83 | Asiatische Elefantin »Kewa« mit Jungtier »Yoma«

Die dritte Elefantengeburt fand am 8. Mai 2005 statt. »Kewa« hat als drittes Kalb einen kräftigen Bullen mit dem Namen »Yoma« zur Welt gebracht. Wie »Temi« betreute »Kewa« auch »Yoma« vorbildlich. Die drei Elefantenkälber und ihre Mütter wurden erst aneinander gewöhnt und dann in die gesamte Herde inklusive Vater »Ankhor« integriert. 2005 feierte der Tierpark Berlin mit seinem 50-jährigen Bestehen zugleich ein überaus erfolgreiches »Elefantenjahr«.

| 84 | Elefantennachwuchs 2005

Die drei Asiatischen Elefantenkinder des Jahrgangs 2005 mit »Kewa« (ganz links »Kewas« zweites Elefantenkind »Temi«) auf der Freianlage. Die drei Elefantenkinder bildeten einen regelrechten Kindergarten, beschäftigten sich viel miteinander, schubsten sich auf der Anlage und veranstalteten kleine Kampfspiele. Das ist ein Verhalten, das auch in freier Wildbahn zu beobachten ist.

| 85 | »Kariba« und Afrikanische Elefantin »Sabah«

Das elfte Elefantenkind des Tierparks war bereits das zweite Kind von »Sabah«. Die komplikationslose Geburt erfolgte am 17. März 2006 früh um 3.35 Uhr. Das 90 kg schwere Kuhkalb erhielt den Namen »Kariba«. »Sabah« kümmerte sich auch um ihr zweites Kalb hervorragend, und Mutter und Kind wurden sehr schnell und nahezu problemlos in die Elefantenherde des Tierparks integriert.

| 86 | Afrikanische Elefanten »Kando«, »Kariba« und »Pori«

Wenige Stunden nach der Geburt hatte »Pori« am 27. Juni 2005 ihr zweites Jungtier getötet. Der Grund ist bis heute unklar geblieben. Schon bald wurde sie wieder vom Afrikanischen Elefantenbullen »Tembo« gedeckt, und am 20. Mai 2007 erfolgte die Geburt von Bullkalb »Kando«. Wie bei »Tana« war es wieder eine Geburt auf der Freianlage, diesmal bei vollem Publikumsbetrieb. »Kando« stieg schon bald in das Wasserbecken seiner Außenanlage und ging in den tiefen Bereich, so dass er uns zeigte, dass ein Elefant schon am ersten Lebenstag schwimmen kann. Tierparkmitarbeiter bargen das Elefantenbaby und brachten es in den Innenstall, wo es anschließend mit der Mutter zusammengeführt wurde. Schon nach wenigen Wochen kamen Mutter und Kind in die Elefantenherde.

| 87 | Afrikanische Elefantenkinder »Kando« und »Kariba«

Von Anfang an zeigte »Kando« ein ausgeprägtes Selbstbewusstsein, sowohl seiner Mutter und seinen Pflegern gegenüber als auch in der Gesamtherde. Ohne Berührungsängste ging er auf die erwachsenen Herdenmitglieder zu, ob es sich nun um Kühe oder auch um seinen Vater »Tembo« handelte, der relativ wenig Notiz von seinen Kindern nimmt, allerdings — genauso wie unser Asiatischer Elefantenbulle »Ankhor« — ein duldsamer und ausgeglichener Vater ist.

| 88 | Afrikanische Elefantenkinder »Kando«, »Kariba« und »Tana«

Betreuung von Elefantenkindern — nicht nur durch die Mütter und »Tanten«, sondern auch durch ältere Geschwister — ist ein normales Verhalten bei Elefanten, das wir auch aus der freien Wildbahn kennen. Die älteren Elefantenkinder »üben« dabei Aufzuchtverhalten, und diese Erfahrungen mit jüngeren Geschwistern kommen ihnen zugute, wenn eigene Geburten anstehen.

| 89 | Afrikanisches Elefantenkind »Kando«

Unter der Aufsicht von Mutter »Pori« entwickelte sich »Kando« ganz hervorragend. Dreizehn Elefanten waren bisher im Tierpark Berlin zur Welt gekommen, von denen zehn aufgewachsen sind. Eine Bilanz, die nur wenige Tiergärten aufweisen können. Die Haltung und Zucht von Elefanten soll auch in Zukunft als Spezialität von Zoo und Tierpark Berlin weiter gepflegt werden.

| 90 | Afrikanisches Elefantenkind »Panya«

Acht Jahre nach ihrer ersten Geburt brachte die Afrikanische Elefantenkuh »Bibi« am 22. August 2007 ihr zweites Kind zur Welt. Das Kuhkalb erhielt den Namen »Panya«. Hier wird es nur wenige Minuten nach seiner Geburt gewogen. 95 kg brachte das Neugeborene auf die Waage. Geboren wurde »Pa-nya« morgens kurz vor 8 Uhr auf der Freianlage im Beisein der anderen Gruppenmitglieder. Elefanten-pfleger bargen das Jungtier und führten dann Mutter und Kalb im Elefantenhaus wieder zusammen. Wie bei ihrem ersten Nachwuchs »Matibi« erwies sich auch diesmal »Bibi« als zuverlässige Mutter.

| 91 | Afrikanisches Elefantenkind »Panya«

| 92 | Afrikanische Elefantin »Bibi« mit Jungtier »Panya«

Drei Tage nach der Geburt erhielten Mutter und Kind wieder die Möglichkeit, ihre Freianlage zu benutzen, anfänglich noch ohne die anderen Gruppenmitglieder, doch schon bald wurde die Zusammenführung der gesamten Elefantenherde möglich. Bald schloss sich »Panya« an ihre älteren Halbgeschwister »Kariba« und »Kando« an, mit denen sie eine Spielgemeinschaft bildete.

Auch wenn die beiden Berliner Tiergärten mit 19 Elefantengeburten zwischen 1906 und 2007 direkt auf einen großen Schatz der Erfahrung von Haltung, Pflege und Zucht von Rüsseltieren verweisen können, gibt es dennoch immer wieder Anfragen zur Elefantenhaltung. Die Diskussion dreht sich dabei vor allem um das »Wie«. Dass dies im Zoo und in Elefantenhalterkreisen passiert, ist normal und wünschenswert, denn ohne den ständigen Erfahrungsaustausch zwischen Fachleuten in der Tierhaltung ist eine Weiterentwicklung der Tiergartenbiologie nicht möglich. Was wäre die Zootierbiologie für eine Wissenschaft, würde sie sich nicht weiterentwickeln. Das darf aber nicht bedeuten, dass als gut erkannte und erprobte Erkenntnisse der Tierpflege aus Gründen bloßer Modernität über den Haufen geworfen werden, nur weil eine neue Tiergärtnergeneration meint, sie müsse das Rad neu erfinden. Hinzu kommen zudem selbsternannte Experten, oft aus den Medien oder auch aus der Politik.

Besonders häufig geht es bei dem Umgang mit Elefanten um das so genannte Thema »Hands off« oder »Hands on«. Diese beiden englischen Begriffe stehen für den Grad des Kontaktes der Elefantenpfleger mit ihren Elefanten. In beiden Berliner Tiergärten werden die Verfahren nebeneinander praktiziert. »Hands off«, das heißt: ohne direkten Kontakt zum Pfleger werden zum Beispiel die erwachsenen Bullen »Tembo«, »Ankhor« und »Victor« betreut, in Anwesenheit der Bullen werden weder Stall noch Anlage betreten. Selbstverständlich gibt es aber dennoch Kontakt zu den Elefantenbullen, vor allem akustischer Art. Bullen hören bis zu einem gewissen Grad auf die Stimme ihrer Pfleger und sind, solange sie sich nicht in der Musth befinden, vergleichsweise folgsam.

Im Zoo Berlin wird der Asiatische Elefantenbulle »Victor« an der so genannten Sicherheitswand auf geschützten Kontakt trainiert. Der Bulle steckt auf Befehl ein Ohr oder einen Fuß — verbunden mit einer leichten Berührung mit einer Dressurstange — durch eine entsprechende Öffnung in der Trainingswand zur allfälligen Behandlung (Fußpflege, Blutabnahme aus der Ohrvene usw.). Die Bullen werden nicht angekettet, sondern laufen frei in ihren Schlaf- und Nachtställen. Elefantenkühe werden teilweise angebunden, im Zoologischen Garten nur kurze Zeit zum Waschen und zur tierärztlichen Behandlung etwa, im Tierpark in der Regel während der Nacht an ihrem Stand. Der Grund hierfür liegt in der baulichen Situation im Friedrichsfelder Elefantenhaus. Bei einem in Zukunft geplanten Umbau soll auch hier die Kettenzeit minimiert werden.

Das Anbinden von Elefanten in Menschenhand geht auf die Haltung der Elefanten im asiatischen Raum zurück und wurde in den Zoologischen Gärten üblich, als die Elefantenherden in den Tiergärten immer größer wurden. Anfänglich, als es nur ein oder zwei Elefanten gab, wurde auch hier die Anbindemethode kaum praktiziert. Im Zirkus oder auch bei Elefantentransporten findet das Anbinden nach wie vor Verwendung. Dem menschlichen Empfinden widerspricht dies, aber wer einmal im Tierpark Berlin das Hereinkommen der Elefanten in ihre Ställe beobachtet, kann entspannte Rüsseltiere erleben, die schnurstracks zu ihrem Stand gehen und sich ohne Probleme »an die Kette legen« lassen. Dazu gehört Vertrauen zwischen Elefant und Elefantenpfleger. So ist diese Methode der Elefantenaufstellung keine Tierschutzwidrigkeit, obwohl das oftmals wider besseres Wissens in den Printmedien verbreitet wird. Wir wollen bei tierärztlicher Behandlung, Blutentnahme zur Gesundheits- und Trächtigkeitskontrolle und nicht zuletzt bei Geburten auch in Zukunft in Berlin nicht auf das Anbinden verzichten.

Gerade zum Thema Geburtsverhalten gibt es unterschiedliche Auffassungen in Zoologischen Gärten. Der eine oder andere Zoo ist in den letzten Jahren dazu übergegangen, die Jungtiere von Elefantenkühen in der Herde zur Welt bringen zu lassen. Nach einem gewissen Erfahrungsschatz ist das möglich, dennoch bleibt ein Risiko. So wurden immer wieder unmittelbar nach der Geburt in solchen nur schlecht zu kontrollierenden Situationen Jungtiere von der eigenen Mutter getötet. Allerdings hat es auch schon im Tierpark Berlin Geburten in Anwesenheit der übrigen Elefantenherde auf den Freianlagen gegeben. Alle drei Geburten sind letztlich gut gegangen. Erst einmal sind die Elefanten laut rufend und trompetend vom eigentlichen Geburtsgeschehen

weggelaufen. Ob man die Tiere einfach hätte gewähren lassen sollen, sei dahingestellt. Aus Sicherheitsgründen wurden die Jungtiere von den Pflegern geborgen und dann den Müttern zugeführt.

Häufig wird auch diskutiert, ob man die Elefantenbullen ganzjährig bei den Kühen halten soll oder sie nur zur Paarung zusammen lässt. Das hängt nicht unwesentlich vom Verhalten der Bullen selbst ab. Im Tierpark sind sowohl »Tembo« als auch »Ankhor« zu den anderen Gruppenmitgliedern freundlich und selten aggressiv, so dass die gemeinsame Gruppenhaltung praktiziert werden kann, aber aus baulichen Gründen ist das nicht überall möglich. Auf jeden Fall zeigen die Zuchtergebnisse in Friedrichsfelde, dass es kein verkehrtes Haltungssystem sein kann. Der Bulle weiß bekanntlich am besten, wann eine Kuh brünftig ist.

Thematisiert wird auch die Abgabe von Jungelefanten. Eine bestimmte Schule geht davon aus, dass die Jungtiere nur mit ihren Müttern als eine kleine Sozialeinheit abgegeben werden sollen. Das würde natürlich bedeuten, dass Elefantengeburten in Zoologischen Gärten zu einem singulären Ereignis werden, was kaum im Sinne des Artenschutzes sein kann. Sind die Elefantenherden so groß geworden, dass es mehrere züchtende Muttertiere gibt, dann ist es natürlich möglich, komplette Sozialeinheiten an eine andere Haltung abzugeben.

Bisher sind wir in Berlin davon ausgegangen, einzelne Jungtiere in anderen Zoos einzustellen, in denen bereits Elefanten gehalten werden, so dass die Ankömmlinge in den Sozialverband integriert werden können. Die Abgabe von Nachwuchs an andere Tiergärten ist eine gewünschte Normalität im Tiergarten und nichts Geheimnisvolles. Es gibt sicher unterschiedliche Nuancen in der Elefantenpflege, die die Tiergärtner auch in Zukunft diskutieren werden. Die historische und aktuelle Berichterstattung in »Elefanten in Berlin« soll auch dazu ein Beitrag liefern.

Danksagung

Herzlichen Dank all denen, die mich bei der Abfassung dieses kleinen Elefantenbüchleins unterstützt haben. Für die Realisierung danke ich Herrn Bernhard Thieme von Lehmanns Media, mit dem ich das Projekt schon vor geraumer Zeit besprochen hatte und bei dem es auf offene Ohren stieß. Bei der Auswahl des Bildmaterials unterstützten mich Frau Martina Borchert (Zoo Berlin), Wolfgang Scherf und Klaus Rudloff (Tierpark Berlin) sowie Reviertierpfleger Rüdiger Pankow, Chef des Elefantenhauses im Berliner Zoo. Aktuelle Bilder steuerte auch Herr Peter Griesbach bei, Tierpfleger des Kinderzoos. Für ihre Geduld beim Diktat des Manuskripts danke ich meinen Mitarbeiterinnen Regine Damm (Zoo Berlin) und Kirsten Bauerfeld (Tierpark Berlin).

Bernhard Blaszkiewitz

Der Autor

Bernhard Blaszkiewitz wurde am 17. Februar 1954 in Berlin geboren. Nach dem Abitur studierte er Biologie an der FU Berlin, Diplomabschluss 1978, Promotion zum Dr. rer. nat. 1987 an der Universität Kassel. 1974–1978 Tierpflegervolontär im Zoo Berlin, 1979 Volontärassistent im Zoo Frankfurt, 1980–1984 Kurator am Ruhr-Zoo Gelsenkirchen, danach Kurator am Zoo Berlin. Seit 1991 Direktor des Tierparks Berlin, seit dem 31. Januar 2007 in Personalunion auch Direktor des Zoologischen Gartens Berlin.

Bildnachweis

Zoologischer Garten Berlin

Nr.	Elefanten/Aufnahmedatum	Fotograf/Quelle
1	Boy, 1857	125 Jahre Zoo Berlin, S. 51
2	Elefantenpagode, 1911	Postkarte
3	Omar, Rostom, 1901	Postkarte
4	Waldelefant, 1903	Postkarte
5	Mary, 1925	Postkarte
6	Harry, 1920	Postkarte
7	Harry, um 1928	Archiv Zoo
8	Editha, 1906	Archiv Tierpark
9	Toni II, o. J.	Stöcker, Archiv Zoo
10	Carl, 1925	Stöcker, Archiv Zoo
11	Carl, 1925	Stöcker, Archiv Zoo
12	Mampe, 1927	Stöcker, Archiv Zoo
13	Toni II, Mampe, 1927	Stöcker, Archiv Zoo
14	Toni II, Mampe, o. J.	Stöcker, Archiv Zoo
15	Mampe, o. J.	Stöcker, Archiv Zoo
16	Toni II, Kalifa, um 1929	Archiv Zoo
17	Lindi, o. J.	Archiv Zoo
18	Siam, um 1940	Archiv Zoo
19	Siam, 1945	125 Jahre Zoo Berlin, S. 135
20	Lindi, Mampe, um 1933	Archiv Zoo
21	Aida, Orje, 1936	Archiv Zoo
22	Jenny, Indra, 1938	Archiv Zoo
23	Wastl, um 1940	Archiv Zoo
24	Shanti, Eisbären Schorsch/Resi, um 1954	Archiv Zoo
25	Shanti, 1972	Kleinschmidt, Archiv Zoo
26	Salim, Mondula, 1955	Holzhausen, Archiv Zoo
27	Salim, um 1970	Kleinschmidt, Archiv Zoo
28	Salim, o. J.	Kleinschmidt, Archiv Zoo
29	Mondula, 1970	Kleinschmidt, Archiv Zoo
30	Lakshmi, Mampe (Rada), 1957	von der Becker, Archiv Zoo
31	Mampe, 1967	Heuschel, Archiv Zoo
32	Mampe, Lakshmi, 1984	Kleinschmidt, Archiv Zoo
33	Elefantenherde, 1959	Reichling, Archiv Zoo
34	Jambo, 1958	Kühn, Archiv Zoo
35	Jenny, 1963	Archiv Zoo

36	Jambo II, 1977	Kleinschmidt, Archiv Zoo
37	Bumi, Yala, 1967	Zellmann, Telegraf, Archiv Zoo
38	Bumi, Yala, Kutenga, Murikati, 1968	berlin bild, Archiv Zoo
39	Tanja, um 1980	Kleinschmidt, Archiv Zoo
40	Ankunft Tanja, 1974	Archiv Zoo
41	Iyoti, 1978	Kühn, Archiv Zoo
42	Benjamin, 1988	Kleinschmidt, Archiv Zoo
43	Benjamin, Yoti, o. J.	Kleinschmidt, Archiv Zoo
44	Pang Pha, 1987	Kleinschmidt, Archiv Zoo
45	Ayesha, Svea, Drumbo, 25. 9. 1987	Kleinschmidt, Archiv Zoo
46	Kiba, 12. 12. 1997	Peters, Archiv Zoo
47	Kiri, 7. 4. 2000	Kleinschmidt, Archiv Zoo
48	Victor, 20. 1. 2001	Griesbach, Archiv Zoo
49	Shaina Pali, 2005	Griesbach, Archiv Zoo

Tierpark Berlin

50	Hannibal, Dombo, Bambi, 1958	Budich, Archiv Tierpark
51	Kosko, 1959	Budich, Archiv Tierpark
52	Kosko, 1959	Budich, Archiv Tierpark
53	Kosko, 1958	Budich, Archiv Tierpark
54	Dombo, Bambi, Kosko, 1960	Budich, Archiv Tierpark
55	Dombo, Bambi, Kosko, 1960	Budich, Archiv Tierpark
56	Jony, 1961	Budich, Archiv Tierpark
57	Radjah, 1962	Budich, Archiv Tierpark
58	Dashi, Dombo, Bambi, Kosko, 1975	Rudloff, Archiv Tierpark
59	Bambi, Dashi, o. J.	Rudloff, Archiv Tierpark
60	Dashi, Dombo, Kosko, Louise, 1979	Rudloff, Archiv Tierpark
61	Frosja, Astra, 1988	Barz, Archiv Tierpark
62	Tembo, Sabah, Bibi, Umtali, 1987	Barz, Archiv Tierpark
63	Ankhor, 1993	Rudloff, Archiv Tierpark
64	Dashi, 6. 6. 1994	Rudloff, Archiv Tierpark
65	Tembo, 20. 3. 1996	Rudloff, Archiv Tierpark

66	Lilak, 9. 8. 1996	Rudloff, Archiv Tierpark
67	Mafuta, Pori, 22. 7. 1997	Rudloff, Archiv Tierpark
68	Totgeburt, 31. 7. 1998	Rudloff, Archiv Tierpark
69	Matibi, 15. 1. 1999	Rudloff, Archiv Tierpark
70	Bibi, Matibi, 5. 2. 1999	Rudloff, Archiv Tierpark
71	Tutume, 9. 4. 1999	Scherf, Archiv Tierpark
72	Tutume, Sabah, 12. 4. 1999	Rudloff, Archiv Tierpark
73	Tembo, Pori, 19. 4. 1999	Rudloff, Archiv Tierpark
74	Tutume, Sabah, 29. 4. 1999	Rudloff, Archiv Tierpark
75	Tutume, Matibi, 20. 7. 2000	Rudloff, Archiv Tierpark
76	Kewa, 3. 4. 2001	Scherf, Archiv Tierpark
77	Tana, 9. 5. 2001	Rudloff, Archiv Tierpark
78	Temi, 16. 11. 2001	Scherf, Archiv Tierpark
79	Kewa, Temi, 1. 2. 2002	Rudloff, Archiv Tierpark
80	Tutume, Matibi, Tana, 23. 4. 2003	Scherf, Archiv Tierpark
81	Nowa, Cynthia, 16. 4. 2003	Rudloff, Archiv Tierpark
82	Horas, Cinta, 14. 4. 2005	Rudloff, Archiv Tierpark
83	Kewa, Yoma, 8. 5. 2005	Rudloff, Archiv Tierpark
84	Elefantenkinder	Rudloff, Archiv Tierpark
85	Sabah, Kariba, 20. 4. 2006	Scherf, Archiv Tierpark
86	Kando, Kariba, Pori, 13. 6. 2007	Scherf, Archiv Tierpark
87	Kando, Kariba, 13. 6. 2007	Scherf, Archiv Tierpark
88	Kariba, Kando, Tana, 13. 6. 2007	Scherf, Archiv Tierpark
89	Kando, 2007	Rudloff, Archiv Tierpark
90	Panya, 2007	Rudloff, Archiv Tierpark
91	Panya, 2007	Rudloff, Archiv Tierpark
92	Bibi, Panya, 2007	Rudloff, Archiv Tierpark

Vorderes Umschlagbild:
Afrikanische Elefantenkuh Pori mit Jungtier Kando. Aufnahmedatum 20. 5. 2007, Fotograf Ralf Hausmann, Archiv Tierpark

Hinteres Umschlagbild:
Afrikanische Elefantenkühe Dashi, Sabah und Bibi. Aufnahmedatum 16. 6. 2003, Fotograf Klaus Rudloff, Archiv Tierpark

Zoologischer Garten Berlin AG
Hardenbergplatz 8
10787 Berlin

Telefon + 49 (0)30 - 254 01 - 0
Telefax + 49 (0)30 - 254 01 - 255
E-Mail: info@zoo-berlin.de
www.zoo-berlin.de

Öffnungszeiten
Sommerzeit (15. März — 14. Oktober)
    Mo — So 9.00 — 18.30 Uhr
Winterzeit (15. Oktober — 14. März)
    Mo — So 9.00 — 17.00 Uhr

Aquarium
Zoologischer Garten Berlin AG
Hardenbergplatz 8
10787 Berlin

Telefon +49 (0)30 - 254 01 - 0
Telefax +49 (0)30 - 254 01 - 255
E-Mail: info@zoo-berlin.de

Öffnungszeiten
Das Zoo-Aquarium ist ganzjährig von 9.00 — 18.00 Uhr
geöffnet.

Tierpark Berlin-Friedrichsfelde GmbH
Am Tierpark 125
10307 Berlin

Telefon +49 (0)30 - 51 53 10
Telefax +49 (0)30 - 51 24 06 1
E-Mail: info@tierpark-berlin.de
www.tierpark-berlin.de

Öffnungszeiten
1. Januar — 11. März
    Mo — So 9.00 — 16.00 Uhr
12. März — 31. März
    Mo — So 9.00 — 17.00 Uhr
1. April — 10. September
    Mo — So 9.00 — 18.00 Uhr
11. September — 15. Oktober
    Mo — So 9.00 — 17.00 Uhr
16. Oktober — 31. Dezember
    Mo — So 9.00 — 16.00 Uhr

Am 24. Dezember ist bereits um 13.00 Uhr Kassenschluss.
Besuchszeit ist bis 1 Stunde nach Kassenschluss.

Syna
Ringkampf mit KNORKE
Geschichten aus dem Zoo Berlin und
dem Zoo-Aquarium

Herausgegeben von
Prof. Dr. Dr. Heinz-Georg Klös

Berlin 2007
128 Seiten • 44 Abb. • 14,8x21cm • gebunden

ISBN: 987-3-86541-157-0

Preis: 14,95 €

**Von jedem verkauften Buch fließt
1.- € als Spende an den Zoo Berlin**

Kann man einen Elefanten wohl mit Hustenbonbons in eine Transportkiste
locken? Und wie reagiert ein Tierpfleger, wenn ihn plötzlich kräftige Gorilla-
Arme umklammern, und er merkt, spielen will der Affe mitnichten? Was soll
man gar von einem Riesenkraken im Aquarium halten, der nach und nach
seine eigenen Fangarme auffuttert?
Aufregende, dramatische und kuriose Geschichten aus gut 50 Jahren
Zoogeschichte — auf den Punkt gebracht von dem Berliner Journalisten
Syna.